STRUKTUR DER MATERIE IN EINZELDARSTELLUNGEN

HERAUSGEGEBEN VON
M. BORN - GÖTTINGEN UND **J. FRANCK** - GÖTTINGEN

============ VII ============

GRAPHISCHE DARSTELLUNG DER SPEKTREN VON ATOMEN UND IONEN MIT EIN, ZWEI UND DREI VALENZELEKTRONEN

VON

Dr. W. GROTRIAN

A. O. PROFESSOR DER UNIVERSITÄT BERLIN
OBSERVATOR AM ASTROPHYS. OBSERVATORIUM
IN POTSDAM

ZWEITER TEIL

MIT 163 ABBILDUNGEN

SPRINGER-VERLAG BERLIN HEIDELBERG GMBH

ISBN 978-3-642-88886-1   ISBN 978-3-642-90741-8 (eBook)
DOI 10.1007/978-3-642-90741-8

ALLE RECHTE, INSBESONDERE DAS DER ÜBERSETZUNG
IN FREMDE SPRACHEN, VORBEHALTEN.

COPYRIGHT 1928 BY SPRINGER-VERLAG BERLIN HEIDELBERG GMBH
ORIGINALLY PUBLISHED BY JULIUS SPRINGER IN BERLIN 1928
SOFTCOVER REPRINT OF THE HARDCOVER 1ST EDITION 1928

Verzeichnis der Figuren von Band II[1].

I. Einzelne Spektren in ihrer Serienauflösung und Niveauschemata einzelner Spektren.

		Seite
1.	Spektrum des Wasserstoffatoms	2
2.	Niveauschema des Wasserstoffatoms	3
3.	Niveauschema des Wasserstoffatoms gemäß der n_k-Klassifikation der Quantenzustände	4
4.	Niveauschema des Wasserstoffatoms gemäß der $n_{l,j}$-Klassifikation der Quantenzustände	5
5.	Niveauschema des Wasserstoffatoms mit Dublett-Termsymbolen	6
6.	Funkenspektrum des Heliums (He-II-Spektrum)	8
7.	Niveauschema des Heliumions gemäß der n_k-Klassifikation der Quantenzustände	9
8.	Niveauschema des Heliumions gemäß der n_k-Klassifikation der Quantenzustände (von den zweiquantigen Niveaus an)	10
9.	Niveauschema des Heliumions gemäß der $n_{l,j}$-Klassifikation der Quantenzustände (von den zweiquantigen Niveaus an)	11
10.	Niveauschema des Heliumions mit Dublett-Termsymbolen (von den zweiquantigen Niveaus an)	12
11.	Spektrum des Lithium I	14
12.	Niveauschema des Lithium I	15
13.	Darstellung der Serien des Lithium-I-Spektrums nach Madelung	16
14.	Niveauschema des Beryllium II	17
15.	Niveauschema des Bor III	18
16.	Niveauschema der Kohle IV	19
17.	Spektrum des Natrium I	20
18.	Niveauschema des Natrium I	21
19.	Niveauschema des Magnesium II	22
20.	Niveauschema des Aluminium III	23
21.	Niveauschema des Silicium IV	24
22.	Niveauschema des Phosphor V	25
23.	Niveauschema des Schwefel VI	26
24.	Spektrum des Kalium I	28
25.	Niveauschema des Kalium I	29

---

[1] Ein alphabetisches Verzeichnis der Figuren befindet sich am Schluß des Buches.

IV Verzeichnis der Figuren von Band II.

	Seite
26. Niveauschema des Calcium II	30
27. Niveauschema des Scandium III	31
28. Niveauschema des Titan IV	32
29. Niveauschema des Vanadium V	33
30. Spektrum des Rubidium I	34
31. Niveauschema des Rubidium I	35
32. Niveauschema des Strontium II	36
33. Niveauschema des Yttrium III	37
34. Niveauschema des Zirkon IV	38
35. Spektrum des Caesium I	40
36. Niveauschema des Caesium I	41
37. Darstellung der Serien des Caesium-I-Spektrums nach Madelung	42
38. Oben: Niveauschema des Barium II	43
Unten: Niveauschema des Radium II	43
39. Niveauschema des Kupfer I	44
40. Niveauschema des Zink II	45
41. Oben: Niveauschema des Gallium III	46
Unten: Niveauschema des Germanium IV	46
42. Niveauschema des Silber I	47
43. Niveauschema des Cadmium II	48
44. Oben: Niveauschema des Indium III	49
Unten: Niveauschema des Zinn IV	49
45. Oben: Niveauschema des Antimon V	50
Unten: Niveauschema des Tellur VI	50
46. Niveauschema des Gold I	51
47. Niveauschema des Quecksilber II	52
48. Oben: Niveauschema des Thallium III	53
Unten: Niveauschema des Blei IV	53
49. Niveauschema des Beryllium I	54
50. Niveauschema des Bor II	55
51. Niveauschema der Kohle III	56
52. Spektrum des Magnesium I	58
53. Niveauschema des Magnesium I	59
54. Niveauschema des Aluminium II	60
55. Niveauschema des Silicium III	61
56. Niveauschema des Phosphor IV	62
57. Niveauschema des Schwefel V	63
58. Spektrum des Calcium I	64
59. Niveauschema des Calcium I	65
60. Spektrum des Strontium I	66
61. Niveauschema des Strontium I	67
62. Spektrum des Barium I	68
63. Niveauschema des Barium I	69
64. Spektrum des Zink I	70
65. Niveauschema des Zink I	71
66. Oben: Niveauschema des Gallium II	72
Unten: Niveauschema des Germanium III	72

Verzeichnis der Figuren von Band II. V

Seite
67. Spektrum des Cadmium I 74
68. Niveauschema des Cadmium I 75
69. Oben: Niveauschema des Indium II 76
    Unten: Niveauschema des Zinn III 76
70. Spektrum des Quecksilber I 78
71. Niveauschema des Quecksilber I 79
72. Darstellung der Serien des Quecksilber-I-Spektrums nach Madelung 80
73. Niveauschema des Quecksilber I (höhere Serienglieder) 81
74. Spektrum des Helium I von $\lambda = 20852$ bis $\lambda = 2600$ ÅE ... 82
75. Niveauschema des Helium I von den zweiquantigen Zuständen an 83
76. Spektrum des Helium I 84
77. Niveauschema des Helium I 85
78. Niveauschema des Helium I von den zweiquantigen Zuständen an mit Serienlinien, die im elektrischen Felde erscheinen .. 86
79. Niveauschema des Lithium II von den zweiquantigen Zuständen an 87
80. Niveauschema des Bor I 88
81. Niveauschema der Kohle II 89
82. Niveauschema des Stickstoff III 90
83. Spektrum des Aluminium I................. 92
84. Niveauschema des Aluminium I 93
85. Niveauschema des Silicium II 94
86. Niveauschema des Phosphor III 95
87. Niveauschema des Schwefel IV 96
88. Spektrum des Gallium I 98
89. Niveauschema des Gallium I 99
90. Niveauschema des Germanium II 100
91. Spektrum des Indium I 102
92. Niveauschema des Indium I 103
93. Niveauschema des Zinn II 104
94. Spektrum des Thallium I 106
95. Niveauschema des Thallium I................ 107
96. Niveauschema des Blei II 108

II. Termsysteme homologer Spektren.
97. Das periodische System der Elemente............ 109
98. Die Termsysteme von He I und Li II von den zweiquantigen Zuständen an 110
99. Die Termsysteme von Li I, Be II, B III und C IV...... 111
100. Die Termsysteme von Be I, B II und C III 112
101. Die Termsysteme von B I, C II, N III und O IV 113
102. Die Termsysteme von Na I, Mg II, Al III, Si IV, P V und S VI 114
103. Die Termsysteme von Mg I, Al II, Si III, P IV und S V ... 115
104. Die Termsysteme von Al I, Si II, P III und S IV 116
105. Die Termsysteme von K I, Ca II, Sc III, Ti IV und V V ... 117
106. Die Termsysteme von Cu I, Zn II, Ga III und Ge IV 118

VI   Verzeichnis der Figuren von Band II.

Seite
107. Die Termsysteme von Zn I, Ga II und Ge III 119
108. Die Termsysteme von Ga I und Ge II 120
109. Die Termsysteme von Rb I, Sr II, Y III und Zr IV 121
110. Die Termsysteme von Ag I, Cd II, In III, Sn IV, Sb V u. Te VI 122
111. Die Termsysteme von Cd I, In II und Sn III 123
112. Die Termsysteme von In I und Sn II 124
113. Die Termsysteme von Cs I und Ba II 125
114. Die Termsysteme von Au I, Hg II, Tl III und Pb IV 126
115. Die Termsysteme von Tl I und Pb II 127
116. Die Termsysteme von Li I, Na I, K I, Rb I und Cs I 128
117. Die Termsysteme von Cu I, Ag I und Au I 129
118. Die Termsysteme von Be I, Mg I, Ca I, Sr I und Ba I 130
119. Die Termsysteme von Zn I, Cd I und Hg I 131
120. Die Termsysteme von Al I, Ga I, In I und Tl I 132

III. Niveauschemata für die Röntgenspektren.

121. Vollständiges Niveauschema des Röntgenspektrums von Wolfram 134
122. Niveauschema des Röntgenspektrums von Wolfram bis zu den
     L-Niveaus 135
123. Vollständiges Niveauschema des Röntgenspektrums von Wolfram
     (Termanordnung wie bei Dublettspektren) 136
124. Niveauschema des Röntgenspektrums von Wolfram bis zu den
     L-Niveaus (Termanordnung wie bei Dublettspektren) 137

IV. Moseleydiagramme.

125. Moseleydiagramm für die Röntgenterme 138
126. Moseleydiagramm für die Bindung des 2. Elektrons 139
127. Moseleydiagramm für die Bindung des 3. Elektrons 139
128. Moseleydiagramm für die Bindung des 4. Elektrons 140
129. Moseleydiagramm für die Bindung des 5. Elektrons 140
130. Moseleydiagramm für die Bindung des 11. Elektrons 141
131. Moseleydiagramm für die Bindung des 12. Elektrons 141
132. Moseleydiagramm für die Bindung des 13. Elektrons 142
133. Moseleydiagramm für die Bindung des 19. Elektrons 142
134. Moseleydiagramm für die Bindung des 37. Elektrons 143
135. Moseleydiagramm für die Bindung des 55. Elektrons 143
136. Moseleydiagramm für die Bindung des 29. Elektrons 144
137. Moseleydiagramm für die Bindung des 30. Elektrons 144
138. Moseleydiagramm für die Bindung des 47. Elektrons 145
139. Moseleydiagramm für die Bindung des 79. Elektrons 145

V. Das Gesetz der irregulären Dubletts. Lineare Beziehung
   zwischen Linienfrequenz und Kernladungszahl:

140. für das 1. Glied der Hauptserie von Li I bis O VI 146
141. für das 1. Glied der Hauptserie von Na I bis Cl VII 146
142. für das 1. Glied der Haupt- und I. Nebenserie von Ag I bis Te VI . 147
143. für verschiedene Linien von Mg I bis Cl VI 147

Verzeichnis der Figuren von Band II.

VI. Das Gesetz der regulären Dubletts für die tiefsten P-Terme:

144. der Spektren Li I bis C IV 148
145. der Spektren Be I bis C III 148
146. der Spektren B I bis O IV 148
147. der Spektren Na I bis S VI 149
148. der Spektren Mg I bis S V 149
149. der Spektren Al I bis S IV 149

VII. Niveauschemata der Triplett-pp'-Gruppen:

150. für die Spektren Be I bis O V 150
151. für die Spektren Mg I bis S V 150
152. für die Spektren Zn I, Cd I und Hg I 151
153. für die Spektren Zn I bis Ge III 152
154. für die Spektren Cd I bis Sn III 152

VIII. Niveauschema der Dublett-pp'-Gruppen:

155. für die Spektren C II bis O IV 153
156. für die Spektren Al I bis Cl V 154

IX. Niveauschemata von Ca I, Sr I, Ba I, Sc II, Ti III, Y II und La II.

157. Niveauschema des Calcium I mit anomalen Termen 156
158. Niveauschema des Strontium I mit anomalen Termen 157
159. Niveauschema des Barium I mit anomalen Termen 158
160. Niveauschema des Scandium II 159
161. Niveauschema des Titan III 160
162. Niveauschema des Yttrium II 161
163. Niveauschema des Lanthan II 162

Kurze Erläuterungen[1] zu den Figuren des Bandes II.

Bezeichnung der Spektren. I hinter dem chemischen Symbol oder dem Namen eines Elementes bezeichnet das Bogenspektrum, II das erste, III das zweite usw. Funkenspektrum des betreffenden Elementes.

Die Figuren einzelner Spektren in ihrer Serienauflösung (Fig. 1, 6, 11, 17 usw.) sind nur für die bekanntesten Bogenspektren gezeichnet, und zwar in *gleichförmigem Maßstabe für die Wellenzahlen*. Die *Skala der Wellenzahlen* ν cm^{-1} befindet sich auf der rechten Seite, die entsprechende ungleichförmige *Skala der Wellenlängen* λ ÅE auf der linken Seite. Für Spektren derselben Elementengruppe (z. B. Alkalien) ist der Maßstab der Figuren derselbe.

Der Spektralstreifen am weitesten links (oder „oben" bei Drehung des Buches um 90° im Sinne des Uhrzeigers) gibt ein schematisches Bild des *Gesamtspektrums* (G.Sp.). In den nach rechts (oder „unten") folgenden Spektralstreifen sind die Linien herausgezogen, die zu den *einzelnen Serien* gehören. Es ist: II. N.S. = II. Nebenserie, H.S. = Hauptserie, I. N.S. = I. Nebenserie, B.S. = Bergmannserie.

Zur Bezeichnung der Serien sind (abgesehen von den Spektren von H u. He$^+$) durchweg die *Paschenschen Symbole mit empirischen Laufzahlen* (z. B. $\nu = 1s - mp_i$ für eine Dublett-Hauptserie) verwendet.

Die neben den Linien angegebenen Wellenlängenwerte sind *Internationale Ångströmeinheiten*, und zwar λ_{Luft} für den Wellenlängenbereich vom Ultraroten bis $\lambda = c$. 1900 ÅE und λ_{vac} für den Bereich $\lambda <$ 1900 ÅE. Die Wellenlängenwerte sind dem Tabellenwerk von A. FOWLER: Report on Series in Line Spektra, entnommen.

---

[1] Ausführliche Erläuterungen finden sich im Text des ersten Bandes.

Kurze Erläuterungen zu den Figuren des Bandes II. IX

Die Dicke der Linien ist ein ungefähres Maß für ihre *Intensität*. Für die Fig. 13, 37 und 72, in denen die Serien von Li I, Cs I und Hg I nach MADELUNG dargestellt sind, siehe die Erläuterungen in Band I.

Die Figuren der Niveauschemata einzelner Spektren. Die Termwerte der Spektren sind vom oberen Nullniveau aus nach unten abgetragen und durch horizontale Linien markiert. Terme, die zu gleichen Termfolgen gehören, stehen übereinander.

Den *gleichförmigen Maßstab der Wellenzahlen* ν cm^{-1} zeigt die Skala rechts innen. Ist in der Figur links neben dem Niveauschema auch das Spektrum selbst gezeichnet, so ist der Wellenzahlenmaßstab in beiden derselbe. Niveauschemata der Spektren I bzw. II oder III usw. derselben Elementengruppe (z. B. Alkalien) haben denselben Wellenzahlmaßstab. Für Niveauschemata der Spektren von Atomen bzw. Ionen mit gleicher Zahl der Elektronen (z. B. Li I, Be II, B III, C IV oder Mg I, Al II, Si III, P IV) ist der Wellenzahlmaßstab für die Spektren II gleich $1/4$, für die Spektren III gleich $1/9$, für die Spektren IV gleich $1/16$ usw. des Maßstabes für die entsprechenden Spektren I.

Solche Figuren haben den gleichen Maßstab für die *Skala der effektiven Quantenzahlen*. Diese Skala befindet sich rechts außen (abgesehen von den Figuren für H und He$^+$, wo sie links angebracht ist) und ist mit $\sqrt{\frac{R}{\nu}}$ bzw. $\sqrt{\frac{4R}{\nu}}$ bzw. $\sqrt{\frac{9R}{\nu}}$ usw. überschrieben. An dieser Skala sind nicht nur die ganzzahligen Werte n, sondern für die wichtigsten Terme auch die Werte der effektiven Quantenzahl angegeben.

Die *Voltskala* auf der linken Seite gestattet die *Anregungsspannungen* abzulesen. Am oberen Ende dieser Skala ist der Wert der *Ionisierungsspannung* angegeben.

Neben den horizontalen Niveaus stehen die *Symbole der Terme nach Paschen mit empirischen Laufzahlen*. Über den Termfolgen sind nochmals die Buchstaben s, p, d, f oder S, P, D, F der Paschenschen Bezeichnung und darüber die *Symbole nach Russell und Saunders* angegeben.

Für die Spektren, die in dem Tabellenwerk von PASCHEN-GÖTZE: Seriengesetze der Linienspektren, enthalten sind, stimmen die Bezeichnungen der Figuren (mit Ausnahme ganz geringer Abweichungen) mit denen des genannten Buches überein.

Kurze Erläuterungen zu den Figuren des Bandes II.

Für die Spektren, die in den Tabellenwerken von PASCHEN-GÖTZE und A. FOWLER nicht enthalten sind, ist die *Originalliteratur* unter den Figuren angegeben. Stimmt die Termbezeichnung der betreffenden Originalarbeit nicht mit der von PASCHEN überein, so ist in kleinen Tabellen (s. z. B. Fig. 22, II) der Zusammenhang zwischen den Bezeichnungen der Figur und der Originalarbeit angegeben. In der Zeile mit „statt" stehen die Bezeichnungen der Figur, darunter neben den Anfangsbuchstaben der Autoren (B. u. M. z. B. gleich BOWEN u. MILLIKAN) die Bezeichnungen der betreffenden Originalarbeit.

Die wichtigsten *Spektrallinien* sind als Verbindungslinien zwischen den Termniveaus eingezeichnet. Die Dicke der Linien ist ein ungefähres Maß für die Intensität. Für die an den Verbindungslinien angebrachten *Wellenlängenwerte* gilt dasselbe wie für die Wellenlängenwerte in den Figuren der Spektren. Wenn indessen in den Originalarbeiten sämtliche Wellenlängen als λ_{vac} angegeben werden, sind diese Werte auch in die Figuren übernommen worden. Es ist dies dann ausdrücklich unter den Figuren vermerkt.

Die Figuren der Termsysteme homologer Spektren (Fig. 98 bis 120). *Die durch Z_a^2 dividierten Werte der Terme* ($Z_a = 1$ für Spektren I, $Z_a = 2$ für Spektren II usw.) sind entsprechend der links angebrachten gleichförmigen *Skala der Wellenzahlen* auf vertikalen Linien abgetragen und durch kleine Kreise markiert. Über den Vertikalen stehen die *Russell-Saundersschen Symbole*, wobei die j-Werte in einer besonderen Zeile unter den Buchstaben angegeben sind. Die neben den kleinen Kreisen stehenden *ganzen Zahlen sind die wahren Hauptquantenzahlen*. Die gestrichelten horizontalen Linien geben, wie aus der mit n^* bezeichneten, rechts angebrachten *Skala der effektiven Quantenzahlen* ersichtlich ist, die Lage der Niveaus an für die ganzzahligen Werte von n^* (Wasserstoffterme) und einige dazwischenliegende Werte.

Die Erläuterungen zu den Fig. 120 bis 163 müssen im Text des Bandes I eingesehen werden; *Hinweise auf die betreffenden Stellen des Textes sind unter jeder Figur angebracht.*

I. Einzelne Spektren in ihrer Serienauflösung und Niveauschemata einzelner Spektren.

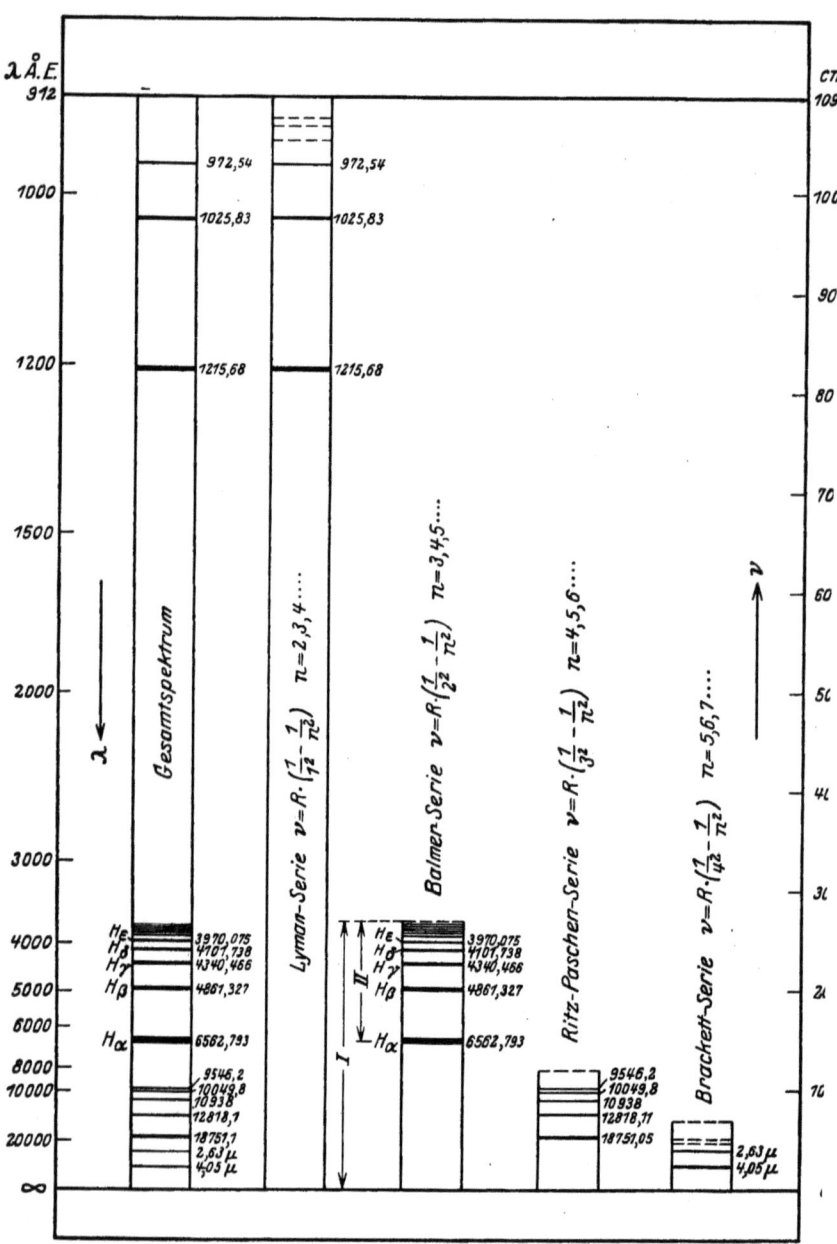

Fig. 1, II, Text S. 7. Spektrum des Wasserstoffatomes.

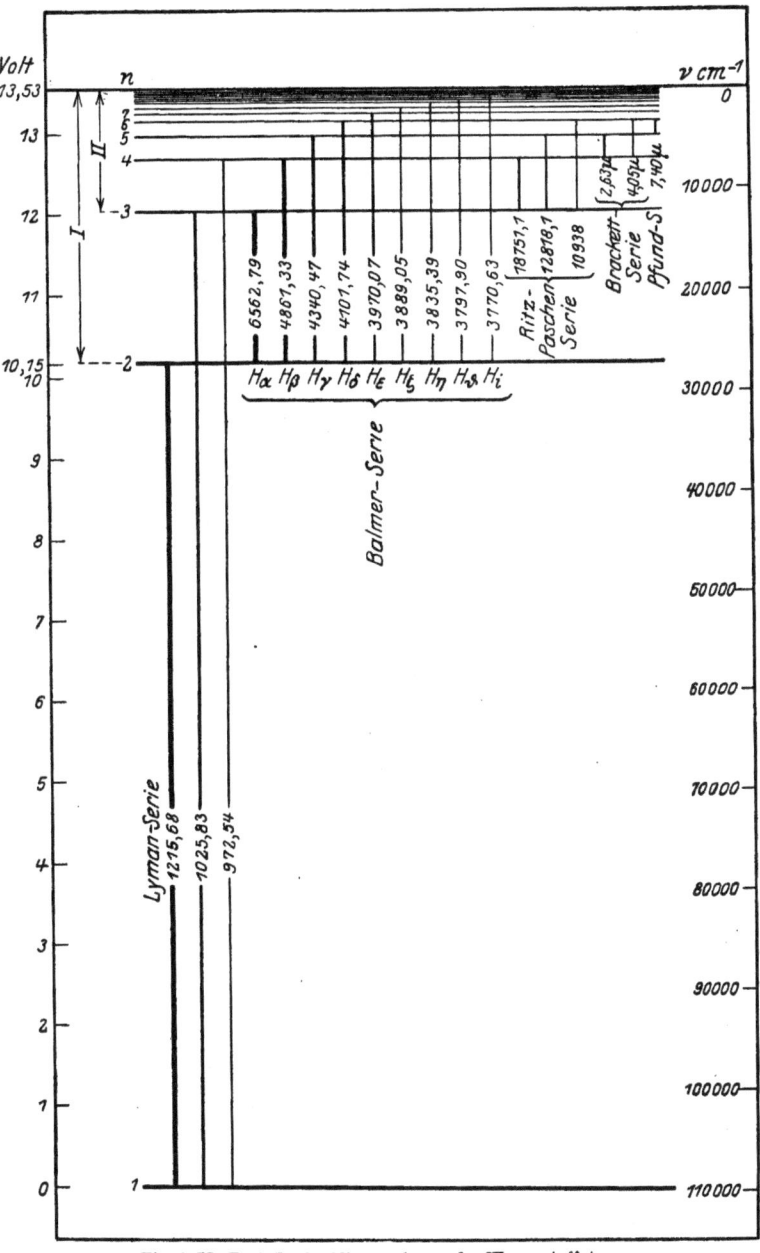

Fig. 2, II, Text S. 10. Niveauschema des Wasserstoffatomes.

4 Wasserstoff.

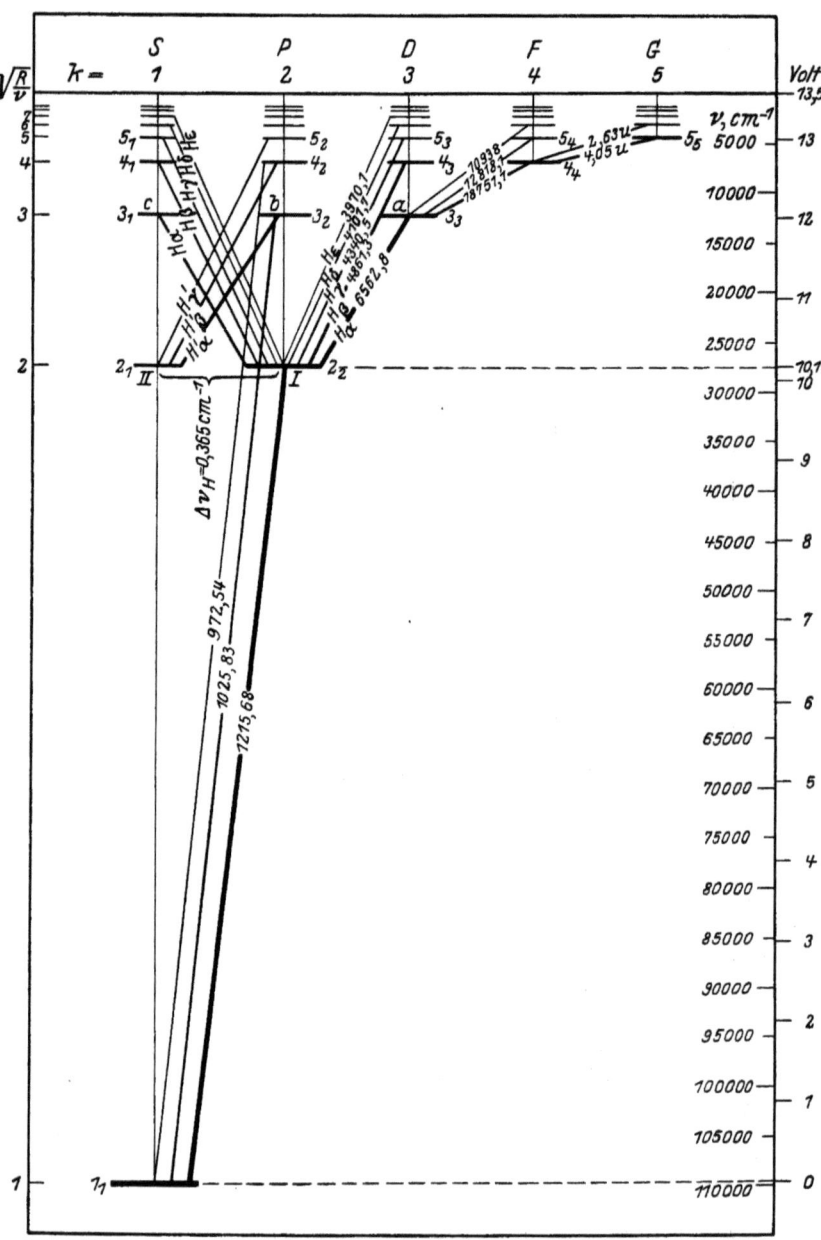

Fig. 3, II, Text S. 15. Niveauschema des Wasserstoffatomes gemäß der n_k-Klassifikation der Quantenzustände.

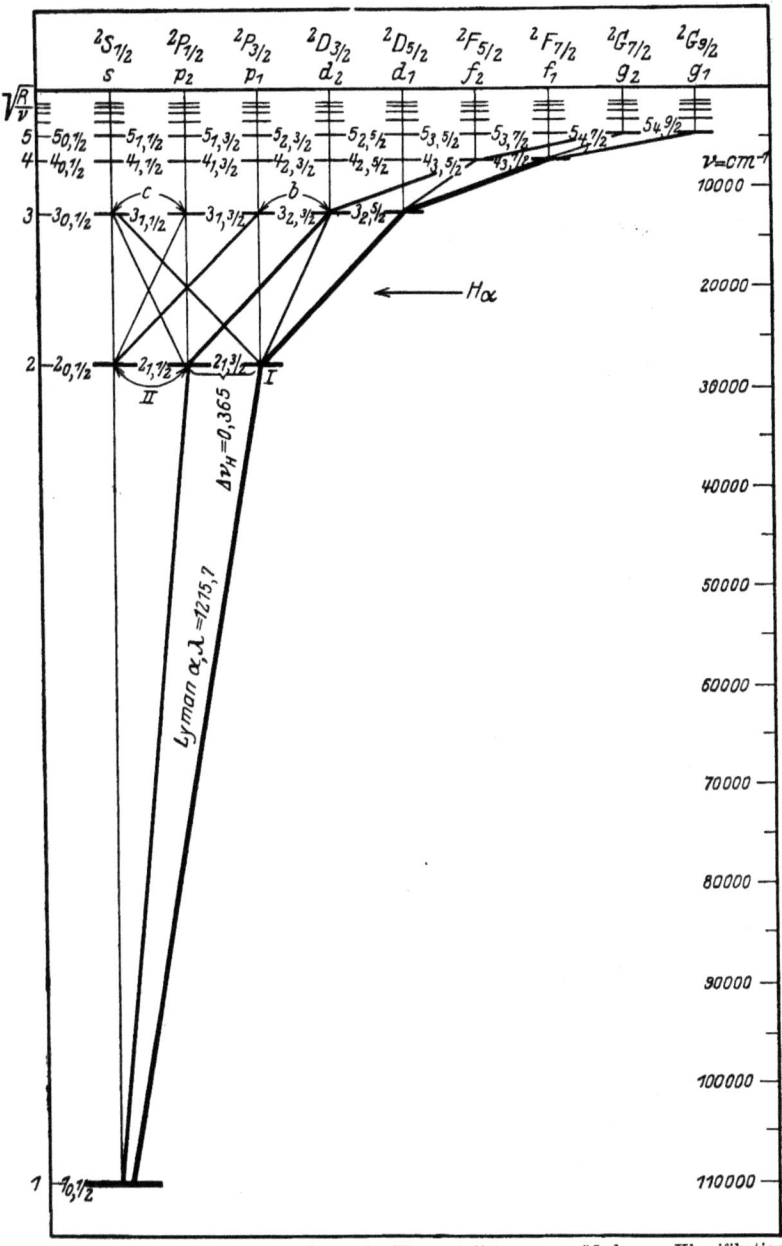

Fig. 4, II, Text S. 31. Niveauschema des Wasserstoffatomes gemäß der $n_{l,j}$-Klassifikation der Quantenzustände. (Die Symbole $n_{l,j}$ stehen immer *links* neben dem Niveau, zu dem sie gehören.)

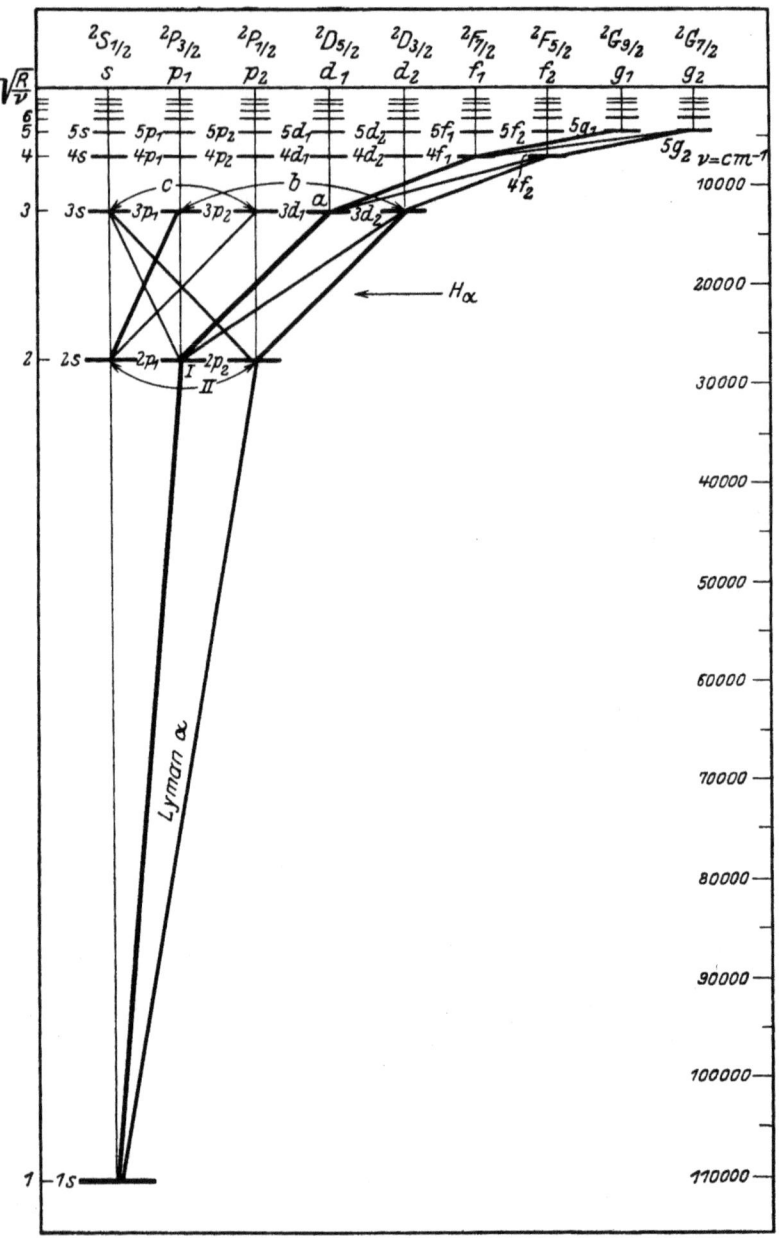

Fig. 5, II, Text S. 64. Niveauschema des Wasserstoffatomes mit Dublett-Termsymbolen.
(Die Termsymbole stehen immer links neben dem Niveau, zu dem sie gehören.)

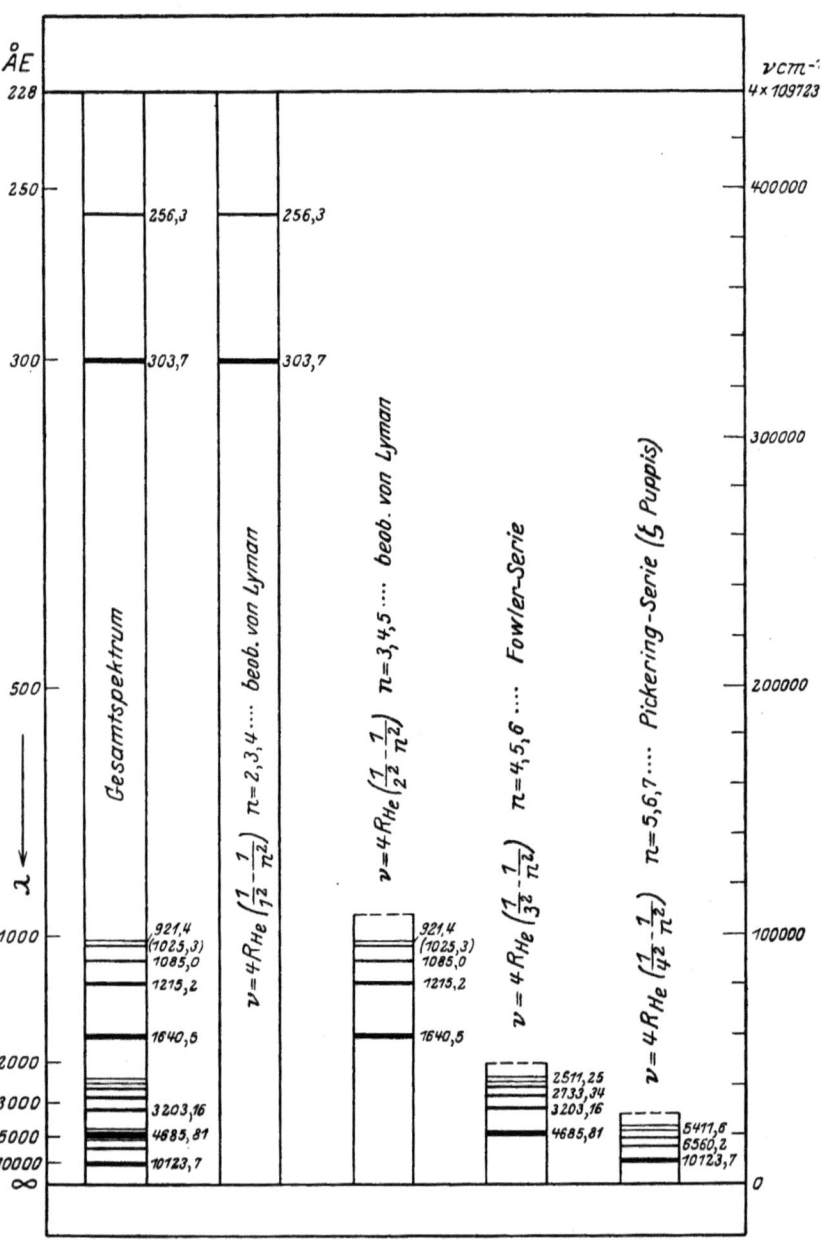

Fig. 6, II, Text S. 22. Funkenspektrum des Heliums (He II Spektrum).

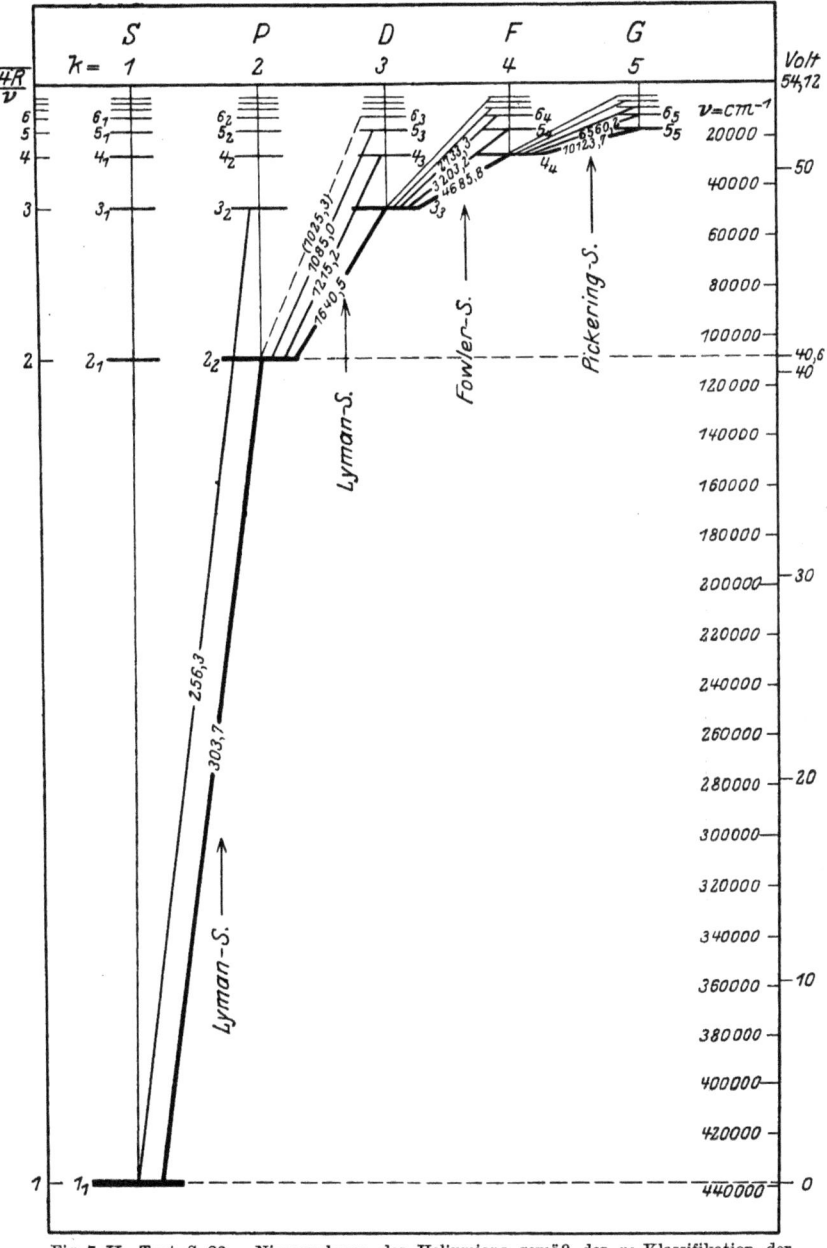

Fig. 7, II, Text S. 23. Niveauschema des Heliumions gemäß der n_k-Klassifikation der Quantenzustände.

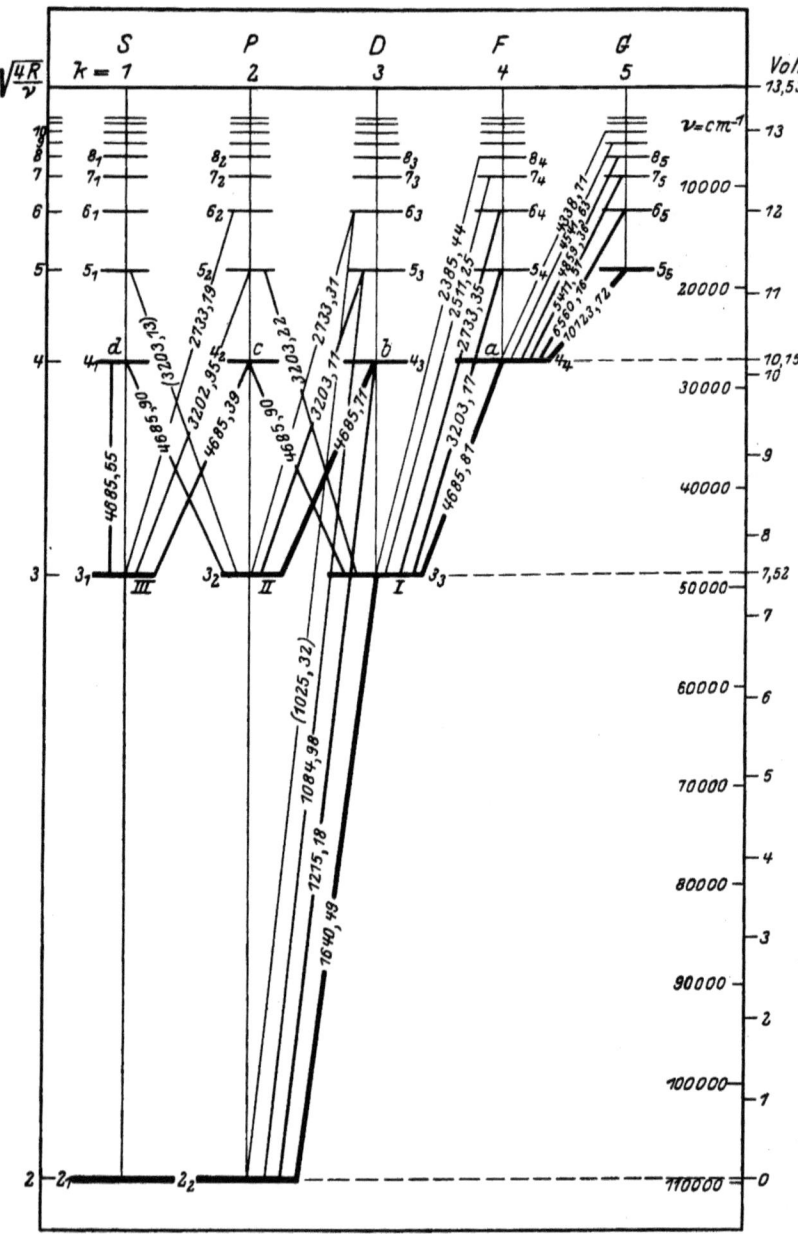

Fig. 8, II, Text S. 24. Niveauschema des Heliumions gemäß der n_k-Klassifikation der Quantenzustände (von den zweiquantigen Niveaus an).

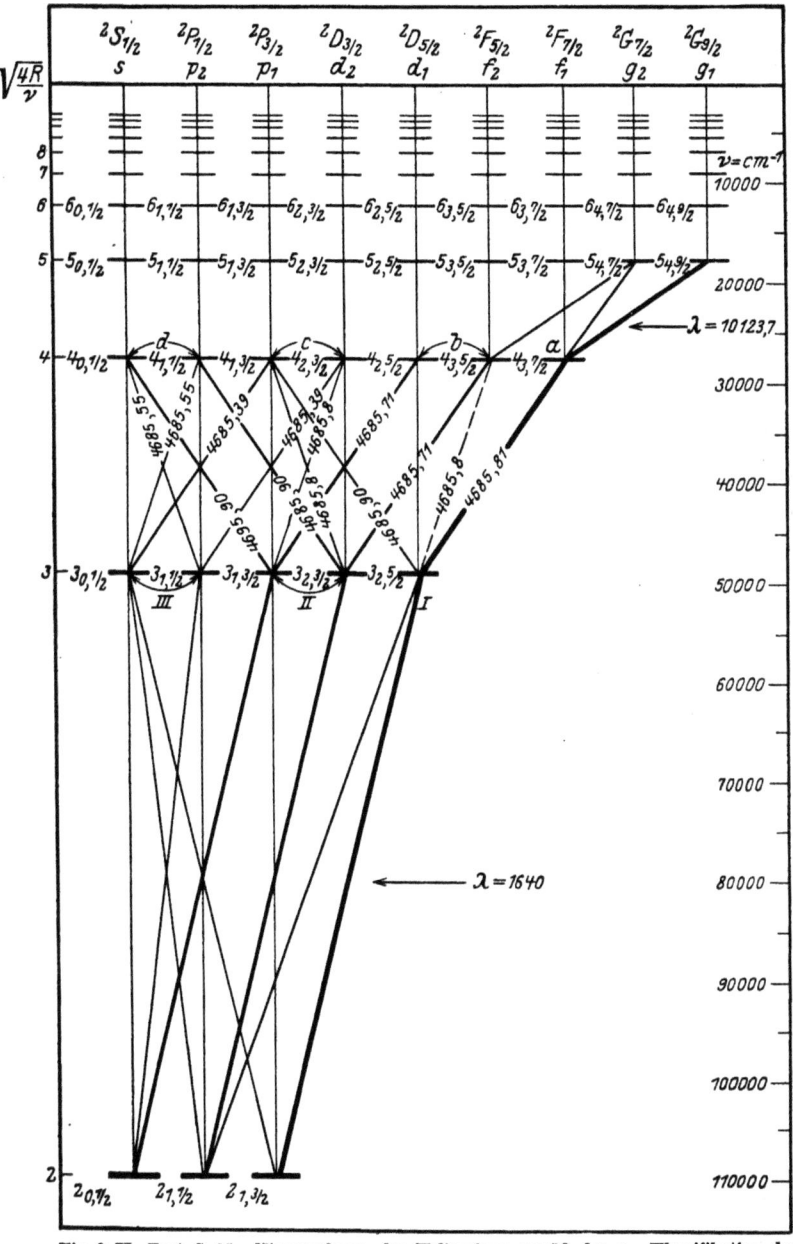

Fig. 9, II, Text S. 35. Niveauschema des Heliumions gemäß der $n_{l,j}$-Klassifikation der Quantenzustände (von den zweiquantigen Niveaus an). Die Symbole $n_{l,j}$ stehen immer links neben dem Niveau, zu dem sie gehören.

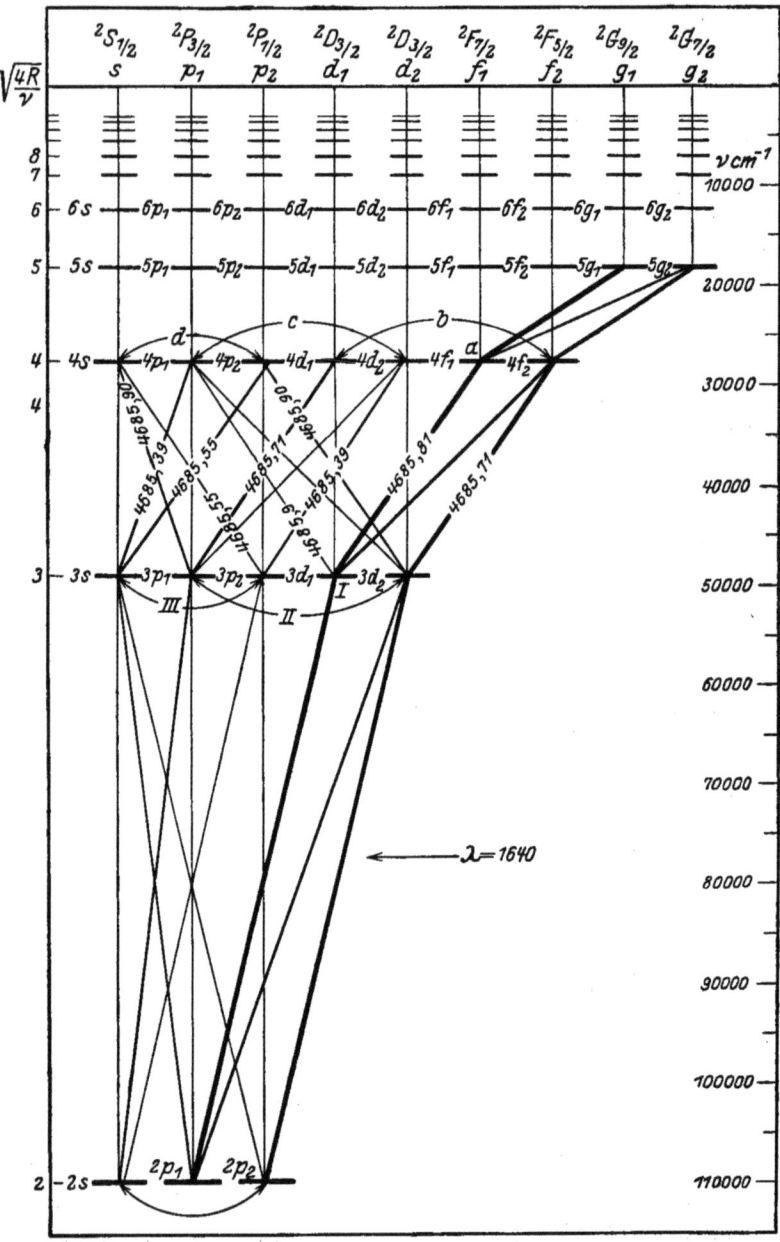

Fig. 10, II, Text S. 64. Niveauschema des Heliumions mit Dublett-Termsymbolen (von den zweiquantigen Niveaus an). Die Paschenschen Termsymbole stehen immer links neben dem Niveau, zu dem sie gehören.

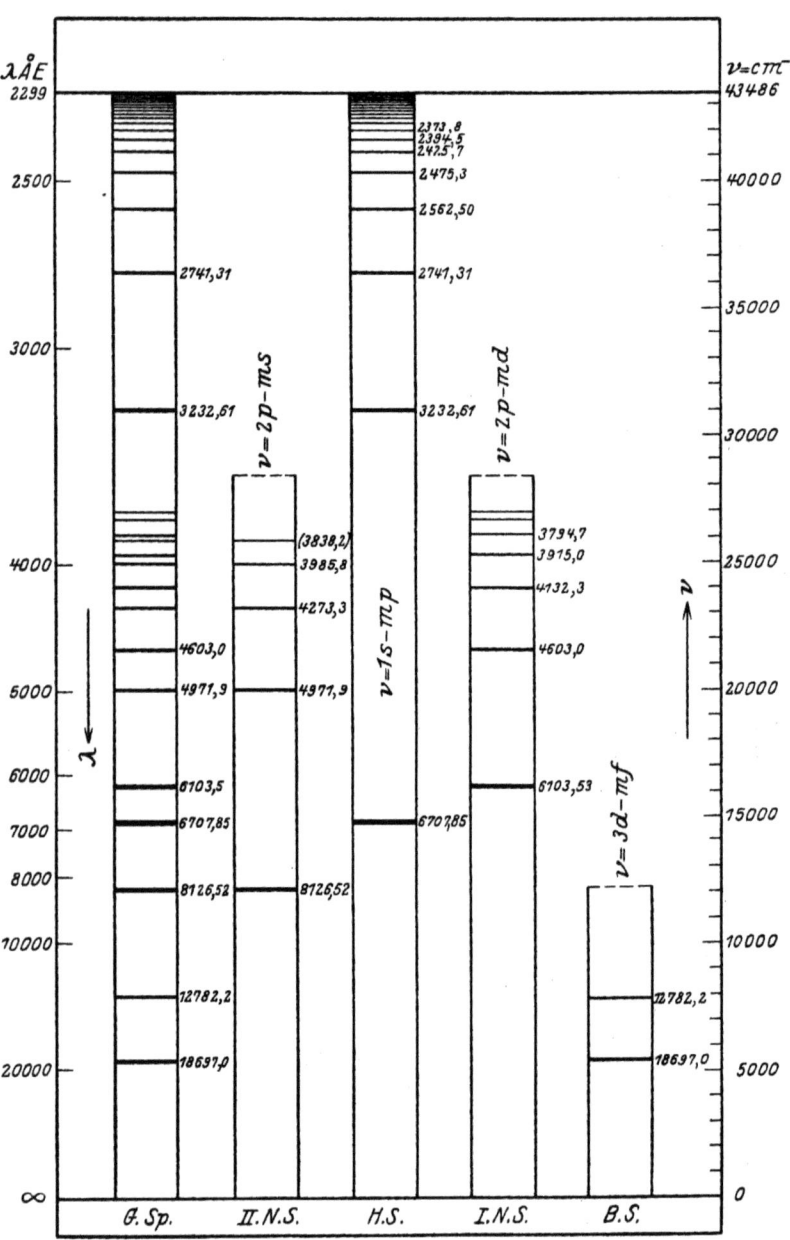

Fig. 11, II, Text S. 40. Spektrum des Lithium I.

Lithium I.

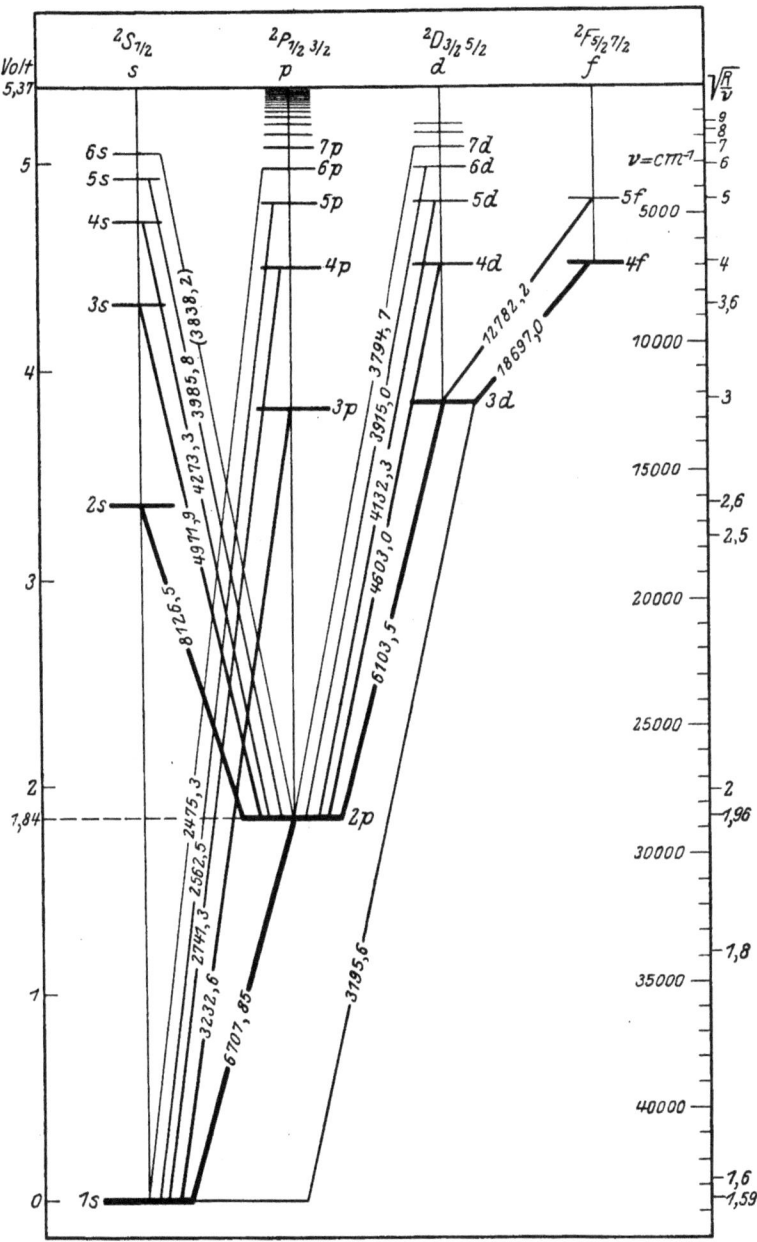

Fig. 12, II, Text S. 46. Niveauschema des Lithium I.

16　　　　　　　　　Lithium I.

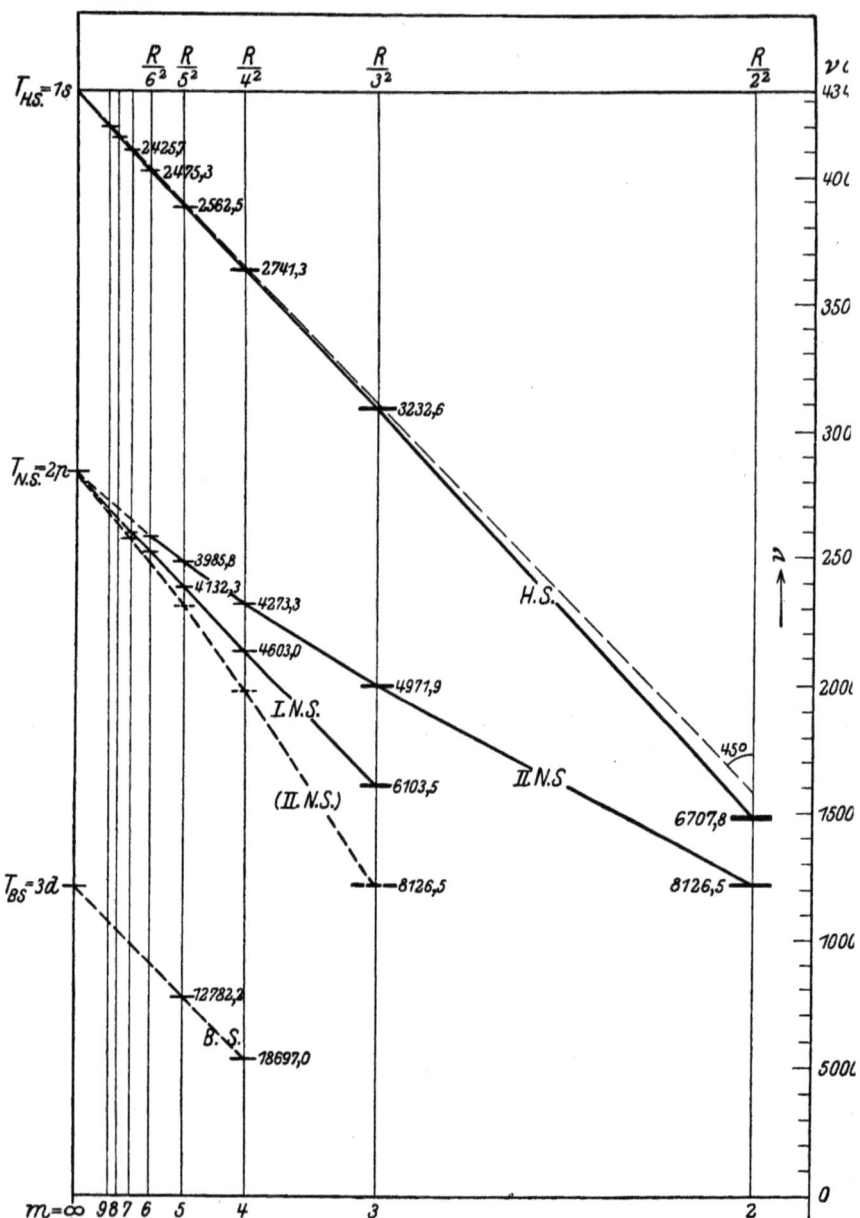

Fig. 13, II, Text S. 42. Darstellung der Serien des Lithium-I-Spektrums nach MADELUNG.

Beryllium II.

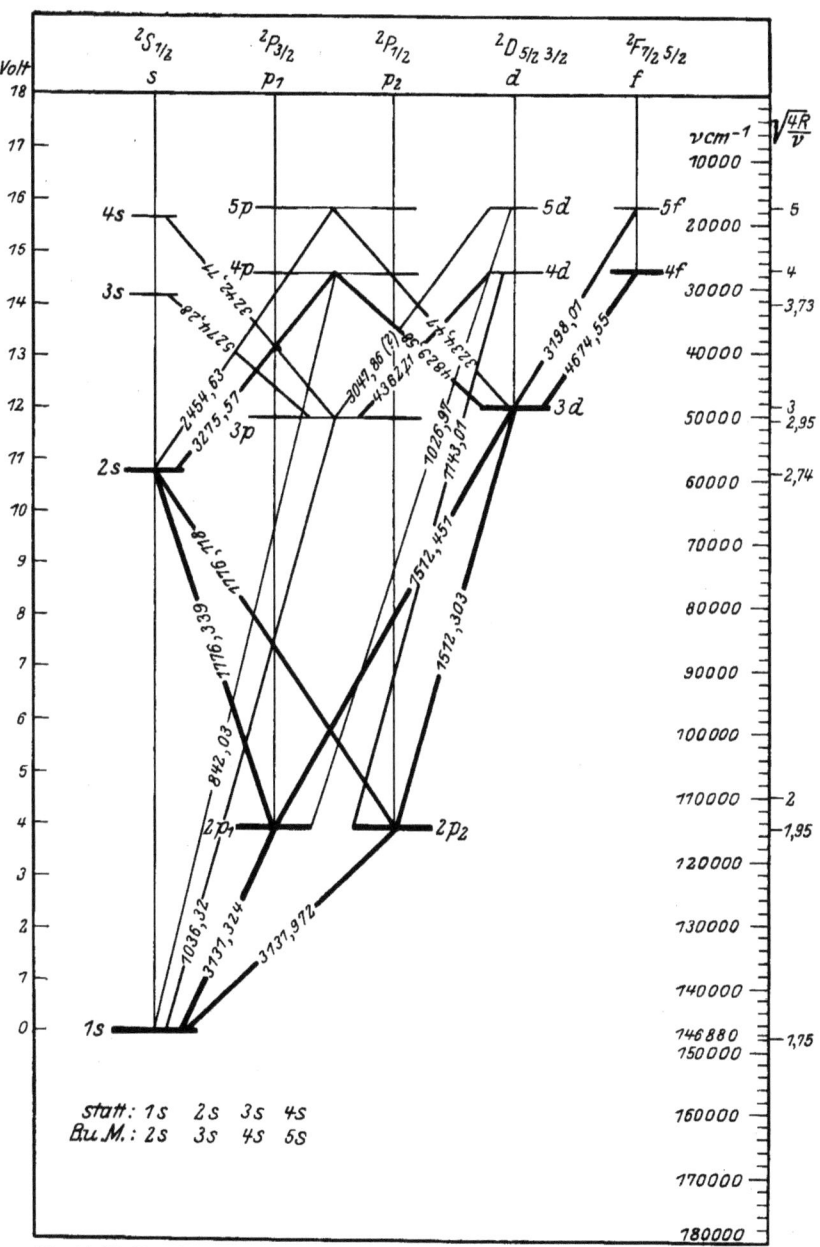

Fig. 14, II, Text S. 71. Niveauschema des Beryllium II. J. S. BOWEN u. R. A. MILLIKAN, Phys. Rev. Bd. 28, S. 256, 1926. (Sämtliche Wellenlängen sind λ_{vac}.)

18　　　　　　　　Bor III.

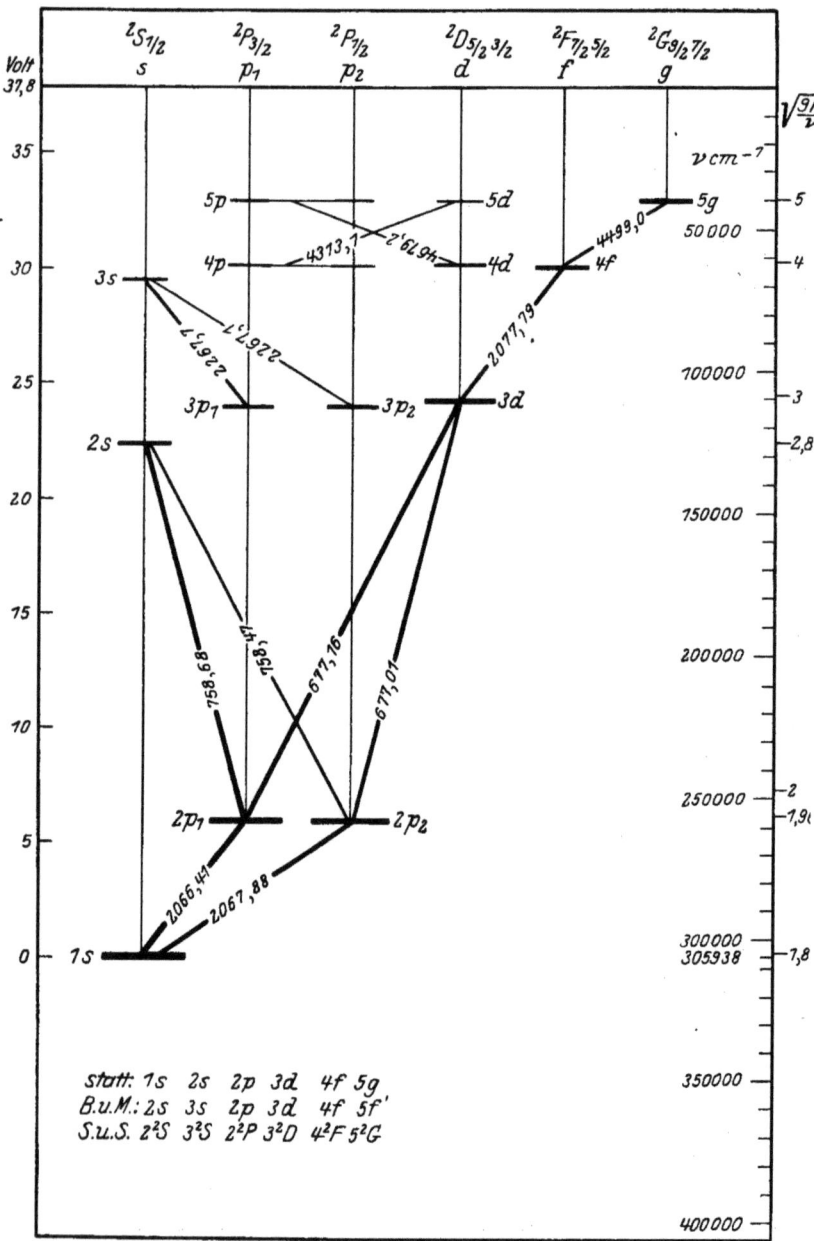

Fig. 15, II, Text S. 71. Niveauschema des Bor III. J. S. BOWEN u. R. A. MILLIKAN, Proc. Nat. Acad. Amer. Bd. 10, S. 199. 1924; R. A. SAWYER u. F. R. SMITH, Journ. Opt. Soc. Amer. Bd. 14, S. 287. 1927. (Sämtliche Wellenlängen sind λ_{vac}.)

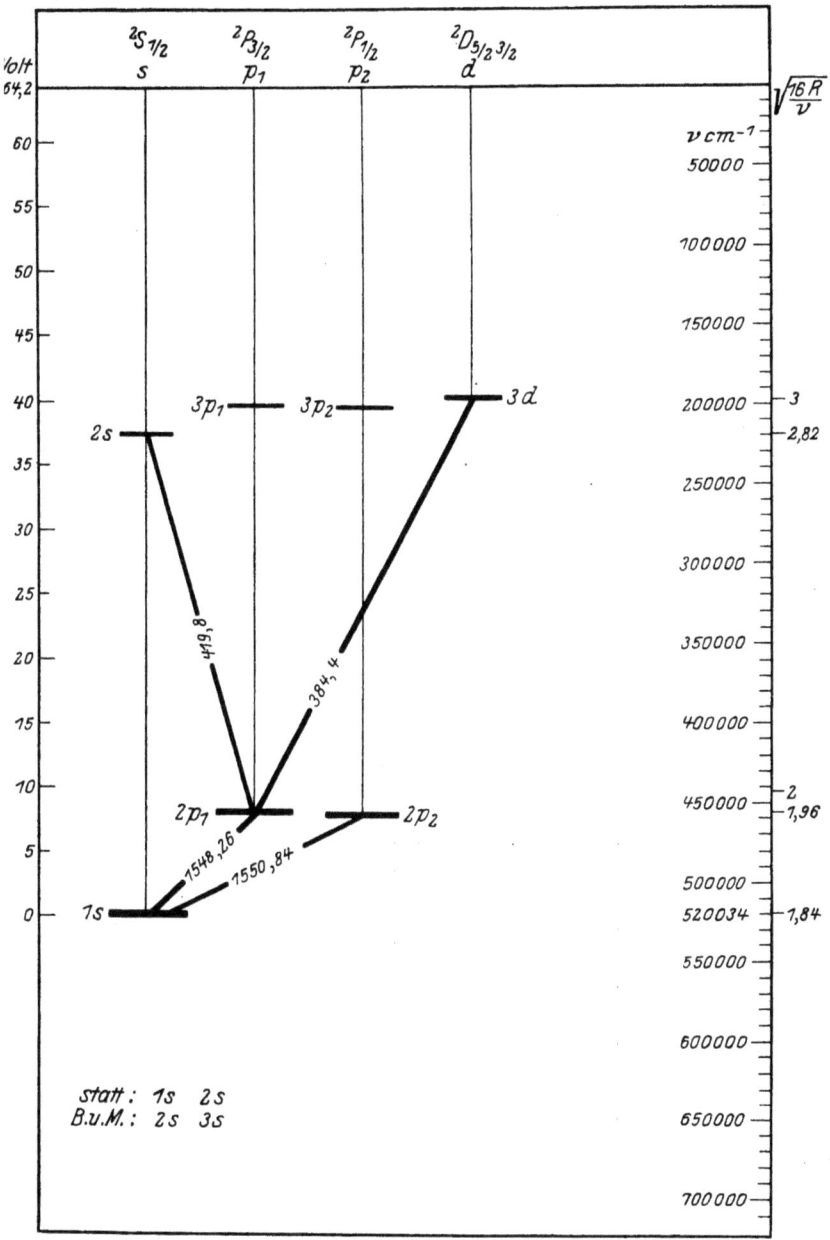

Fig. 16, II, Text S. 71. Niveauschema der Kohle IV. J. S. Bowen u. R. A. Millikan. Nature Bd. 114, S. 380. 1924.

20　Natrium I.

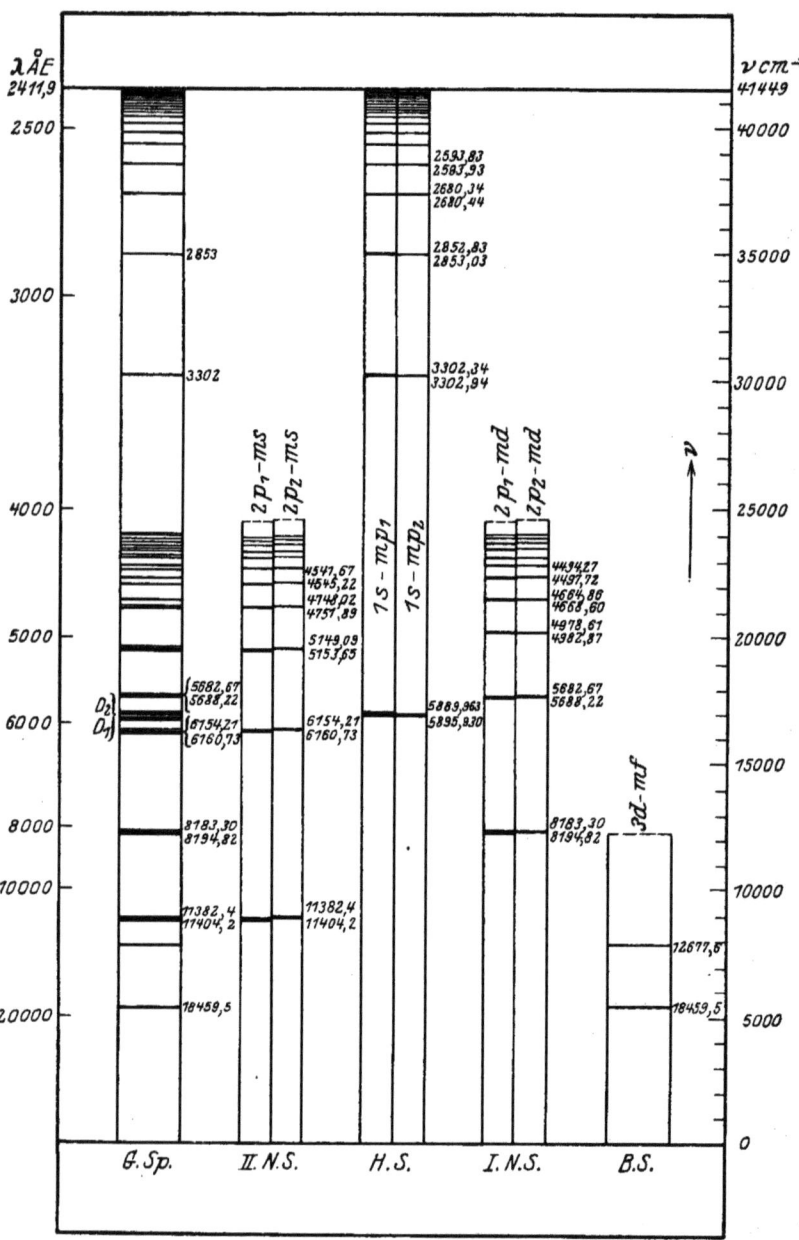

Fig. 17, II, Text S. 52. Spektrum des Natrium I.

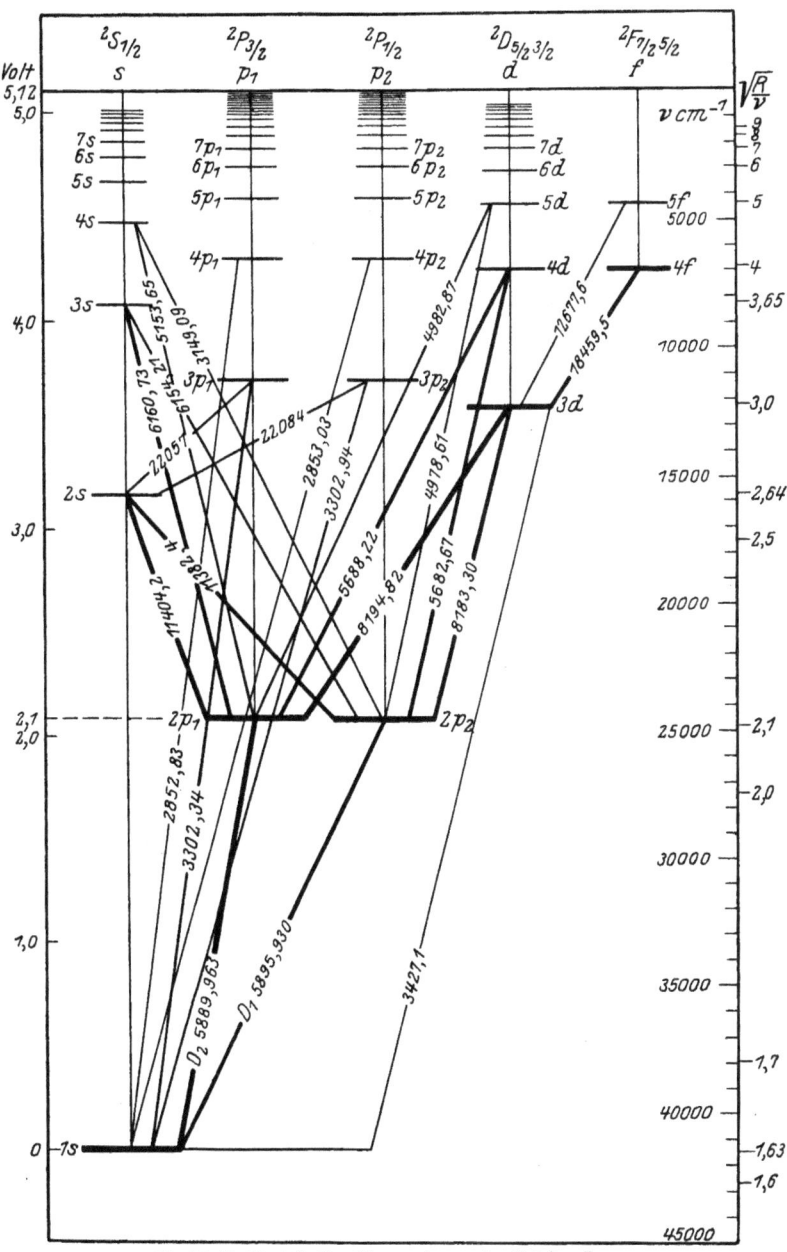

Fig: 18, II, Text S. 53. Niveauschema des Natrium I.

22 Magnesium II.

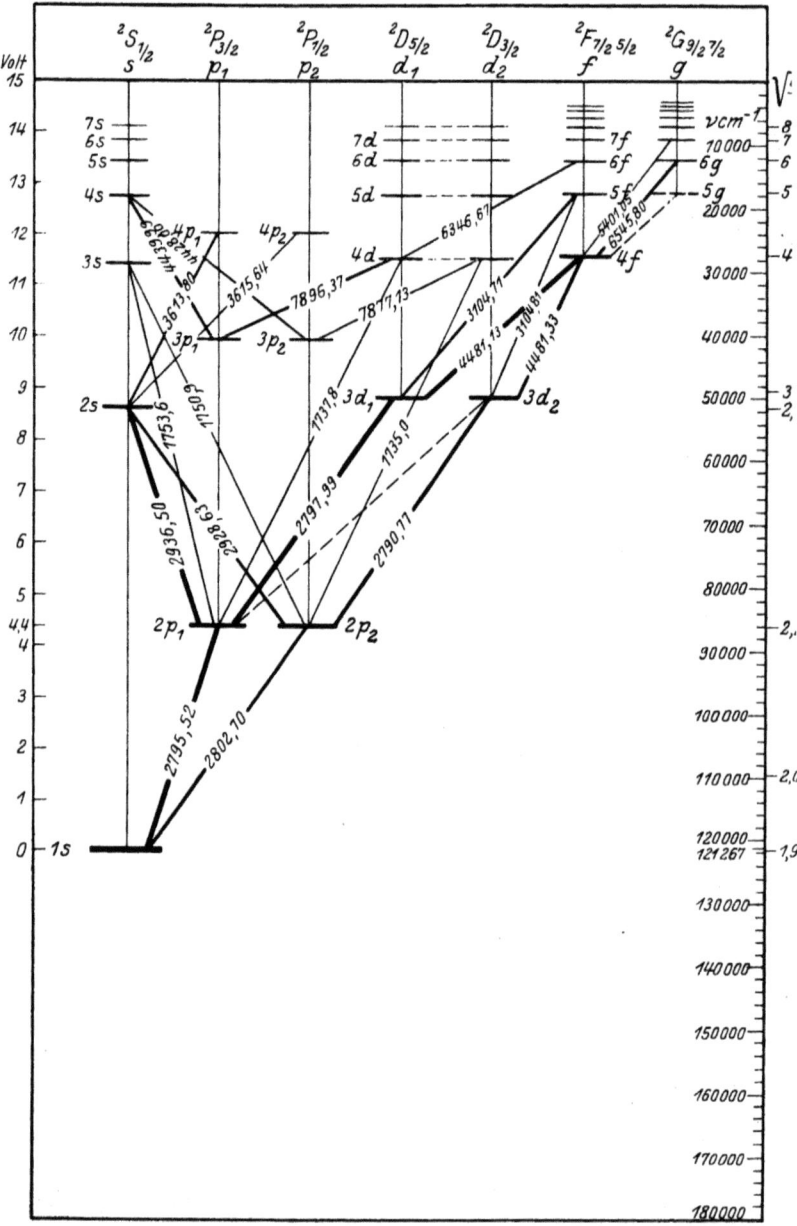

Fig. 19, II, Text S. 71. Niveauschema des Magnesium II.

Aluminium III.

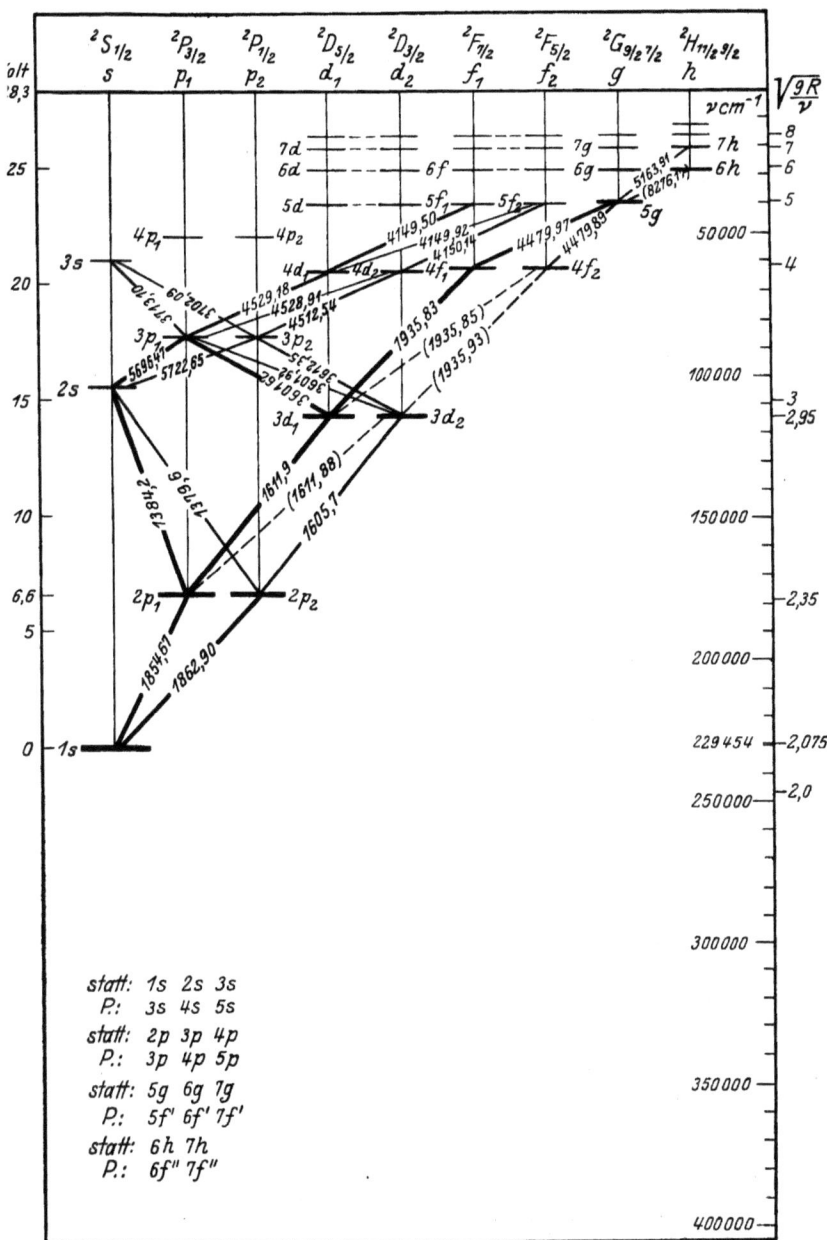

Fig. 20, II, Text S. 71. Niveauschema des Aluminium III. F. PASCHEN, Ann. d. Phys. Bd. 71, S. 142. 1923.

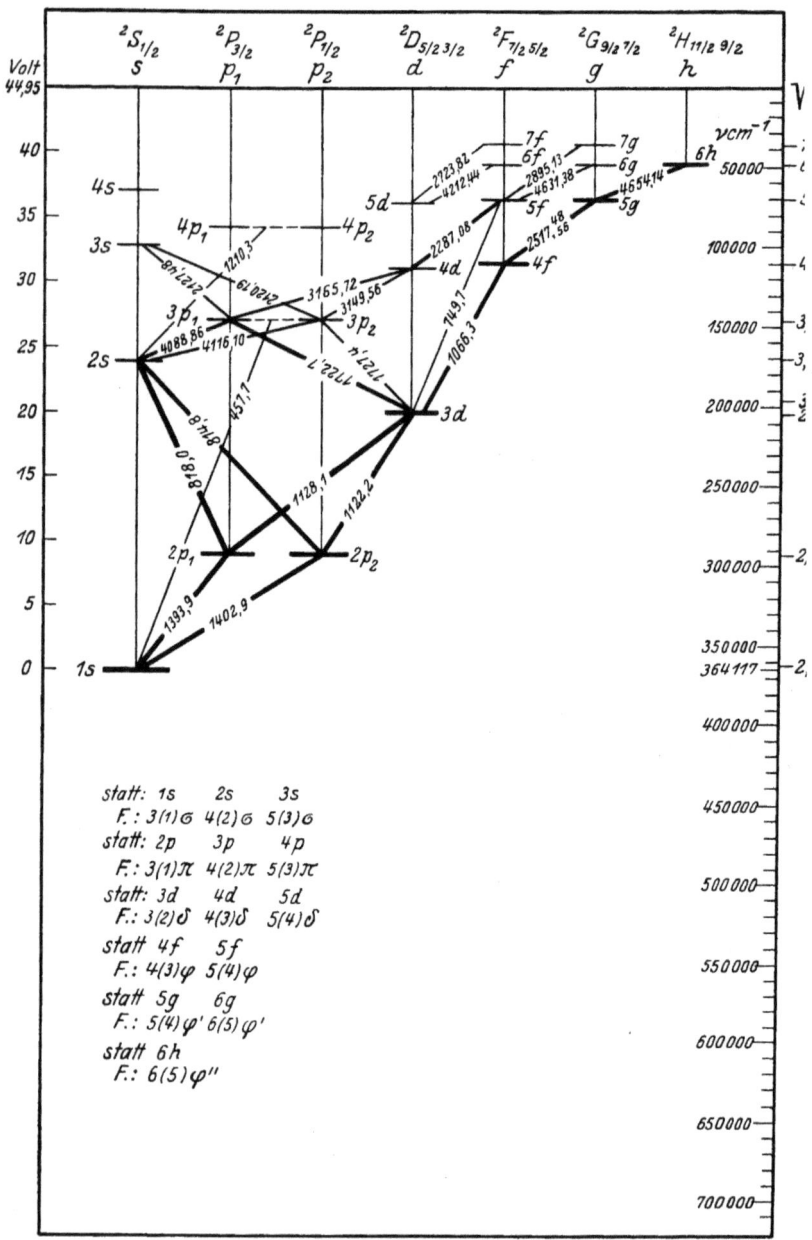

Fig. 21, II, Text S. 71. Niveauschema des Silicium IV. A. FOWLER, Proc. Roy. Soc. London Bd. 103, S. 413. 1923.

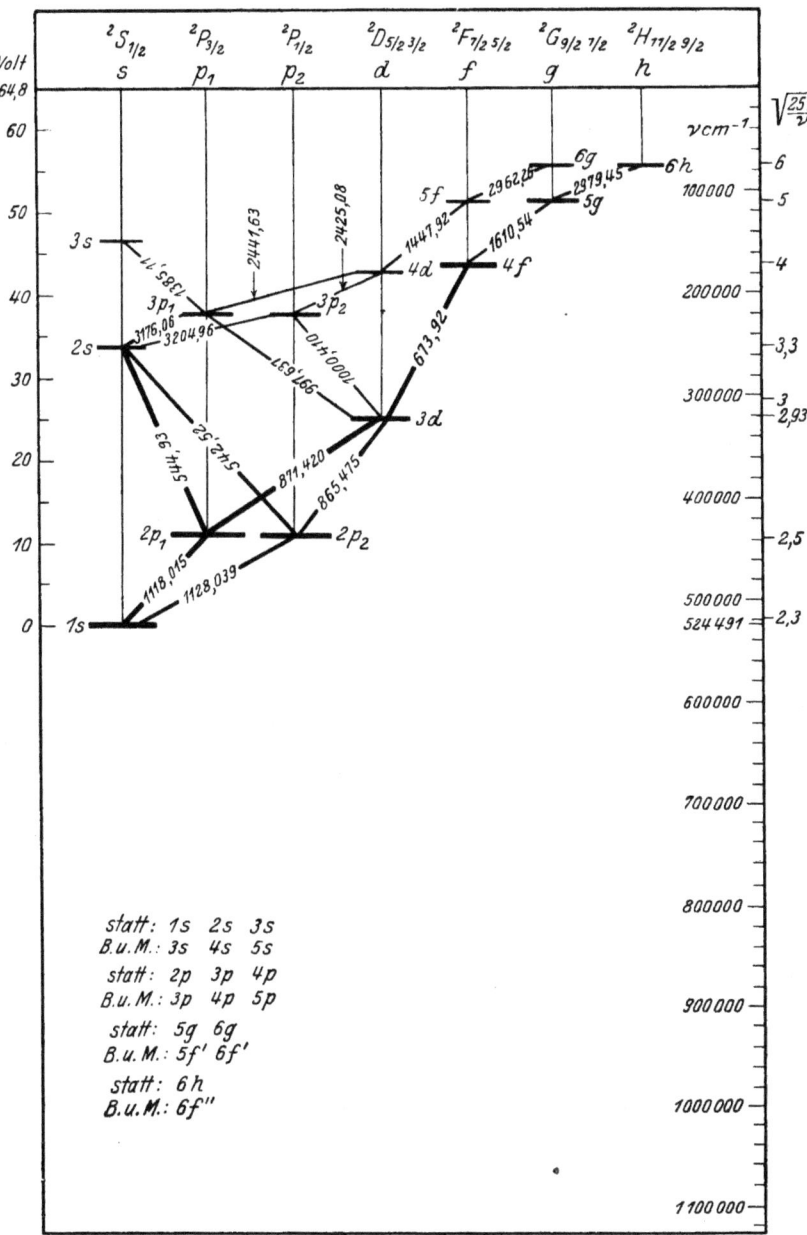

Fig. 22, II, Text S. 71. Niveauschema des Phosphor V. J. S. BOWEN u. R. A. MILLIKAN, Phys. Rev. Bd. 25, S. 295. 1925. (Sämtliche Wellenlängen sind λ_{vac}.)

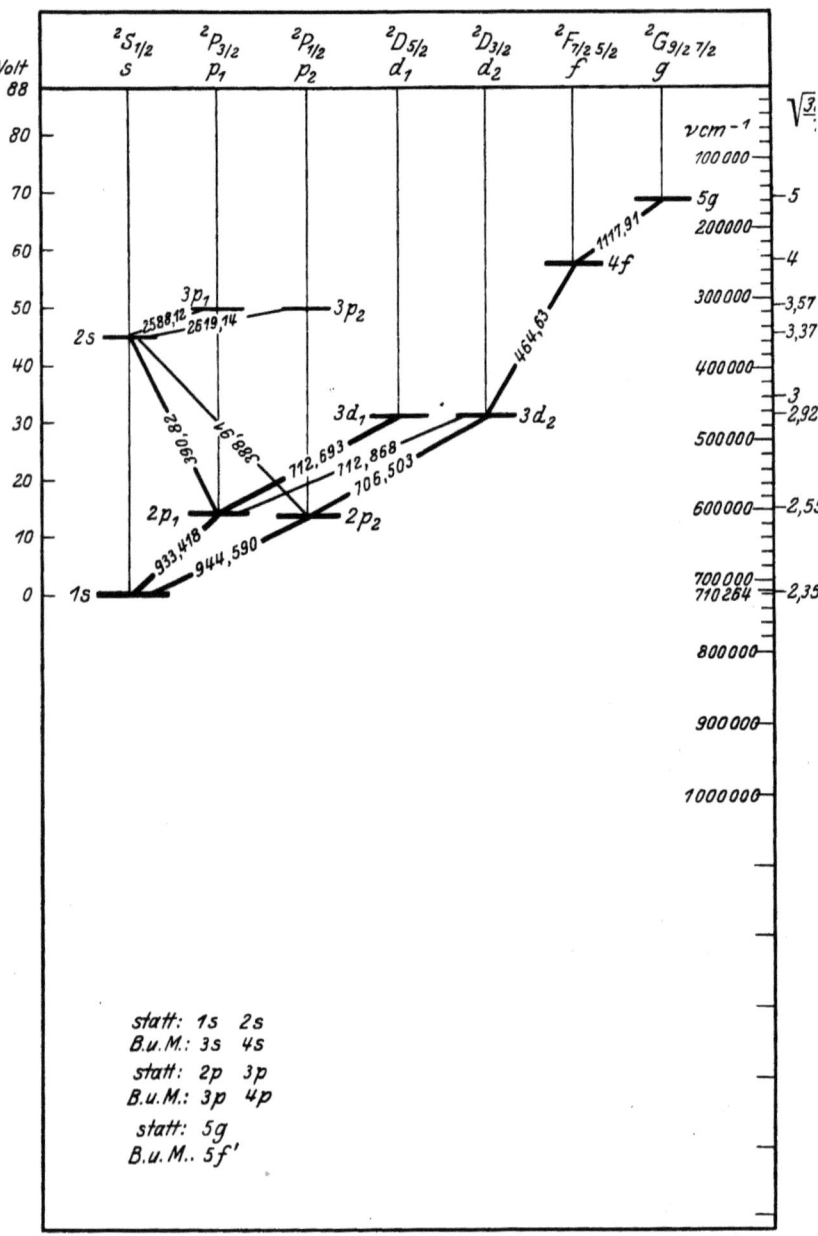

Fig. 23, II, Text S. 71. Niveauschema des Schwefel VI. J. S. BOWEN u. R. A. MILLIKAN, Phys. Rev. Bd. 25, S. 295. 1925. (Sämtliche Wellenlängen sind λ_{vac}.)

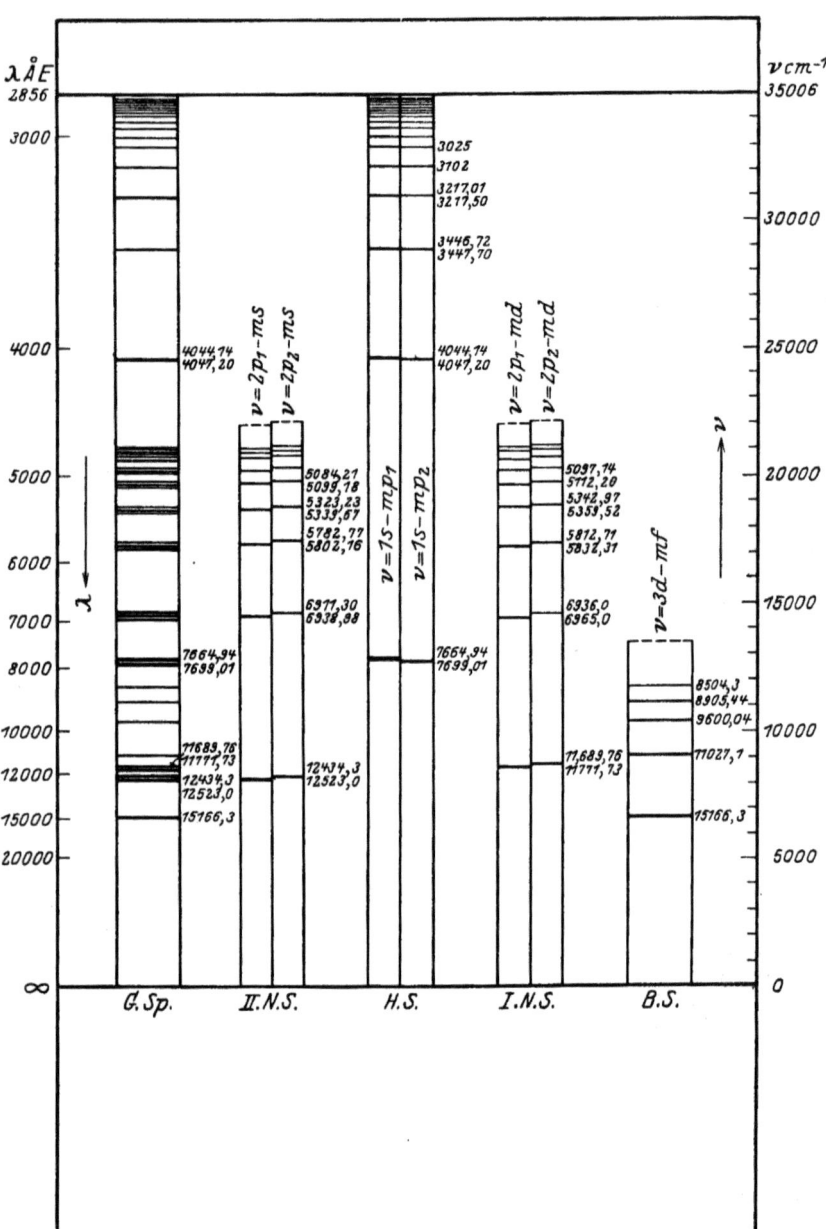

Fig. 24, II, Text S. 54. Spektrum des Kalium I.

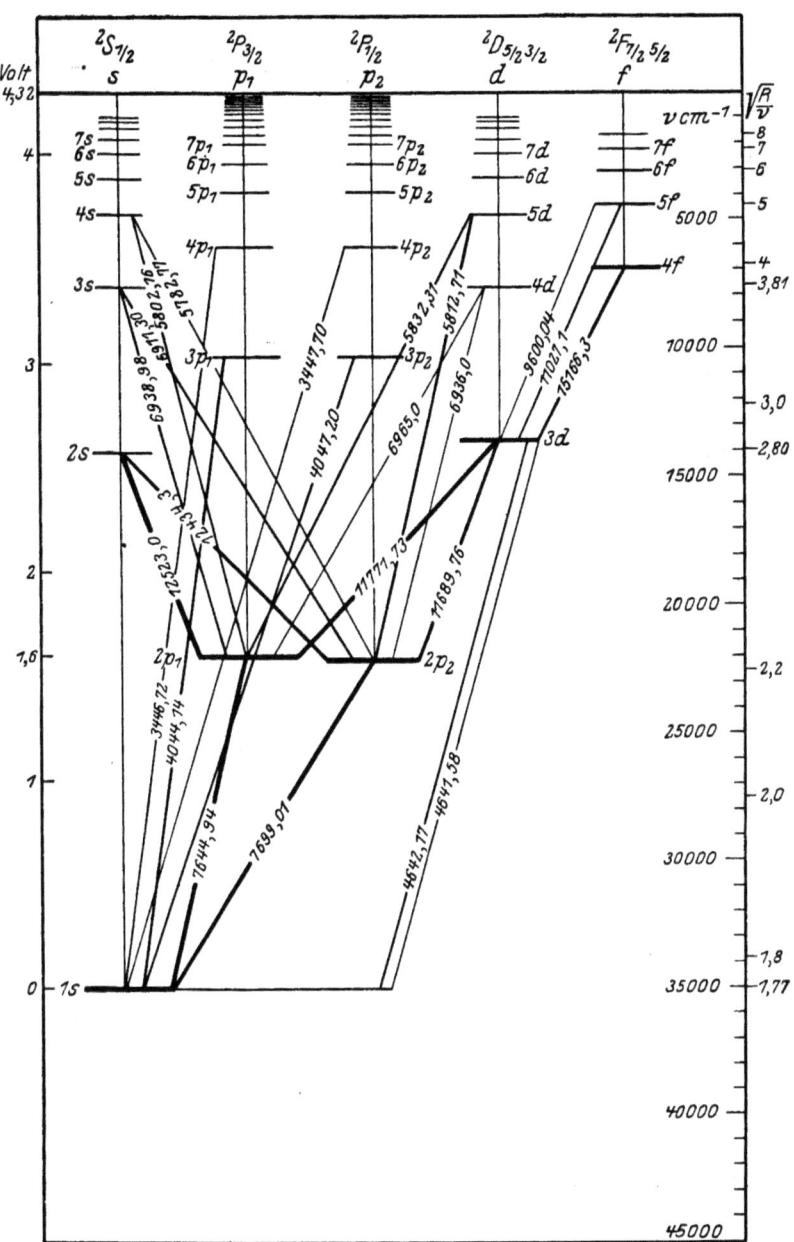

Fig. 25, II, Text S. 54. Niveauschema des Kalium I.

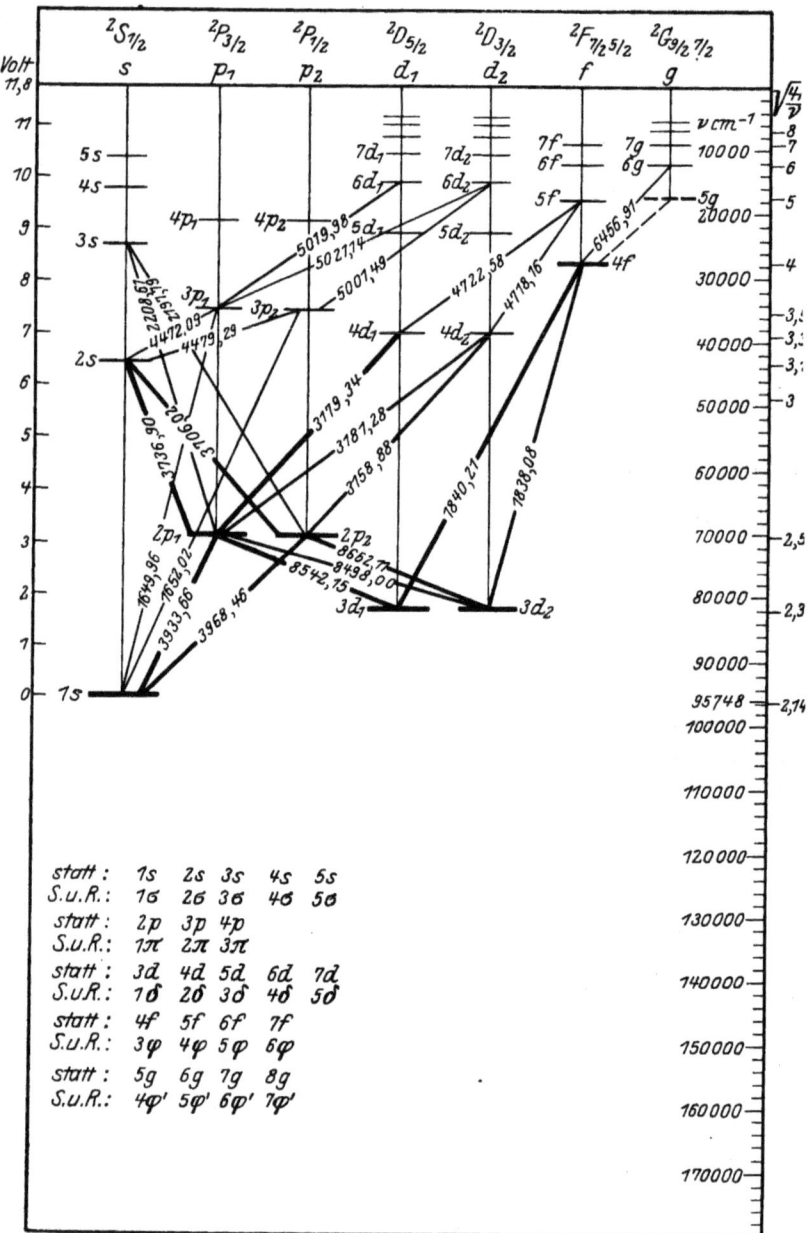

Fig. 26, II, Text S. 71. Niveauschema des Calcium II. F. A. SAUNDERS u. H. N. RUSSELL, Astrophys. Journ. Bd. 62, S. 1. 1925.

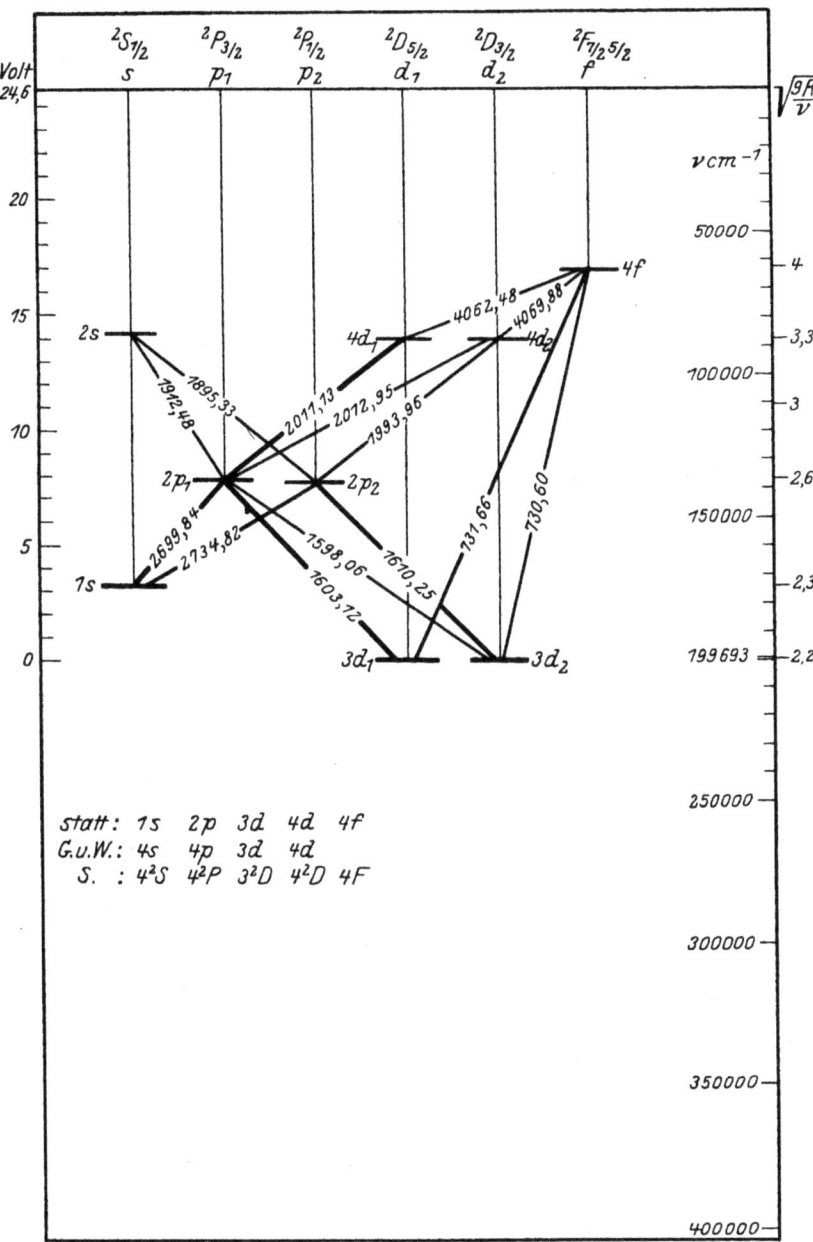

Fig. 27, II, Text S. 71. Niveauschema des Scandium III. R. C. GIBBS u. H. E. WHITE, Proc. Nat. Acad. Amer. Bd. 12, S. 448 u. 598. 1926; S. SMITH, ebenda Bd. 13, S. 65. 1927; siehe auch H. N. RUSSELL u. R. J. LANG, Astrophys. Journ. Bd. 66, S. 13. 1927. (Sämtliche Wellenlängen sind λ_{vac}.)

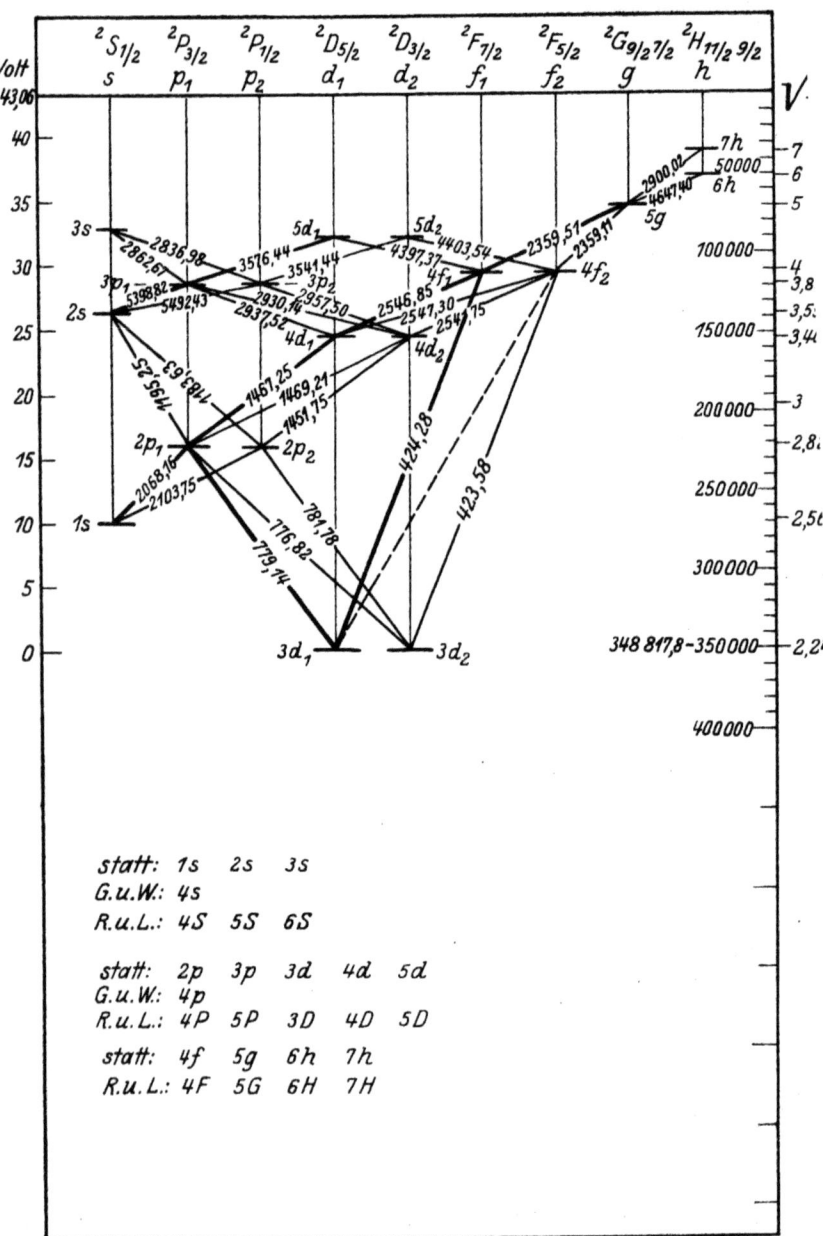

Fig. 28, II, Text S. 71. Niveauschema des Titan IV. R. C. GIBBS u. H. E. WHITE, Proc. Nat. Acad. Amer. Bd. 12, S. 448 u. 598. 1926; H. N. RUSSELL u. R. J. LANG, Astrophys. Journ. Bd. 66, S. 13. 1927. (Die Wellenlängen $\leqq$ 2104 ÅE sind λ_{vac}.)

Vanadium V.

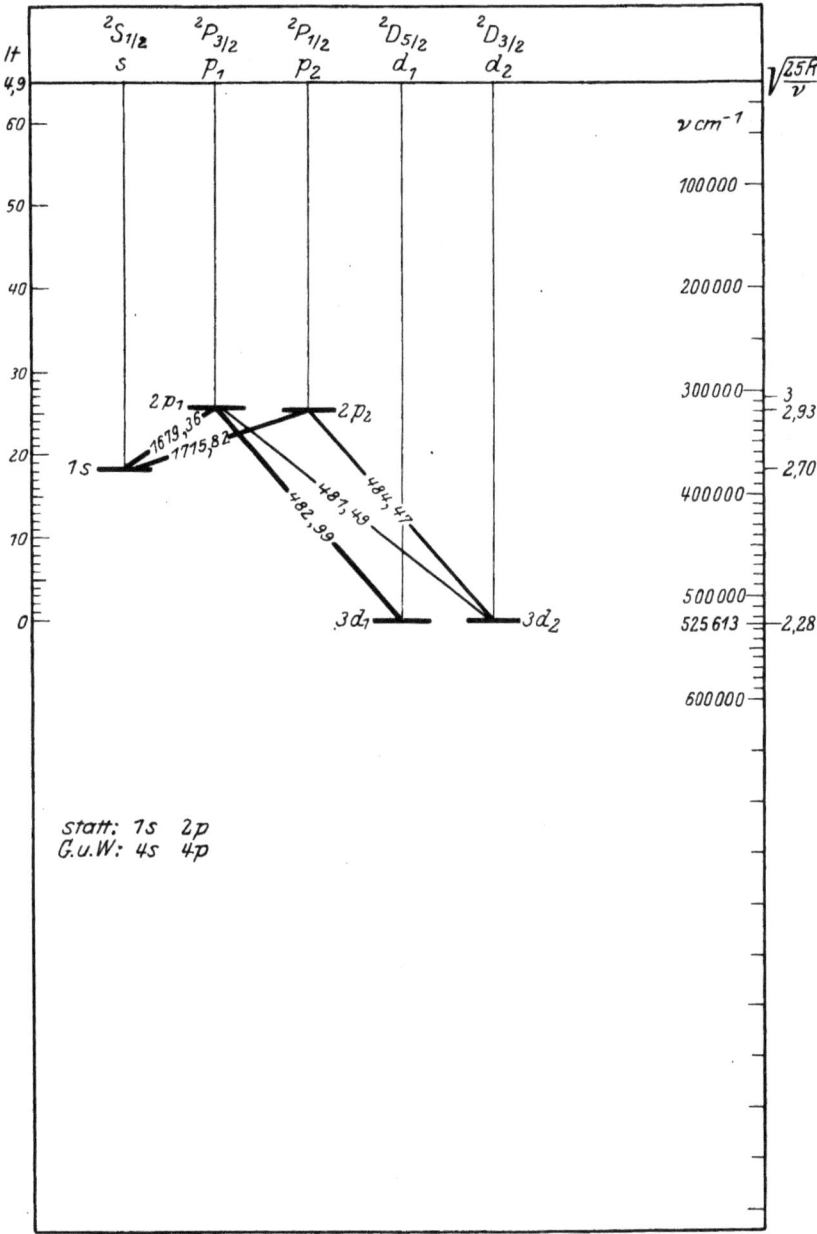

Fig. 29, II, Text S. 71. Niveauschema des Vanadium V. R. C. GIBBS u. H. E. WHITE Proc. Nat. Acad. Amer. Bd. 12, S. 448 u. 598. 1926; siehe auch H. N. RUSSELL u. R. J. LANG, Astrophys. Journ Bd. 66, S. 13. 1927.

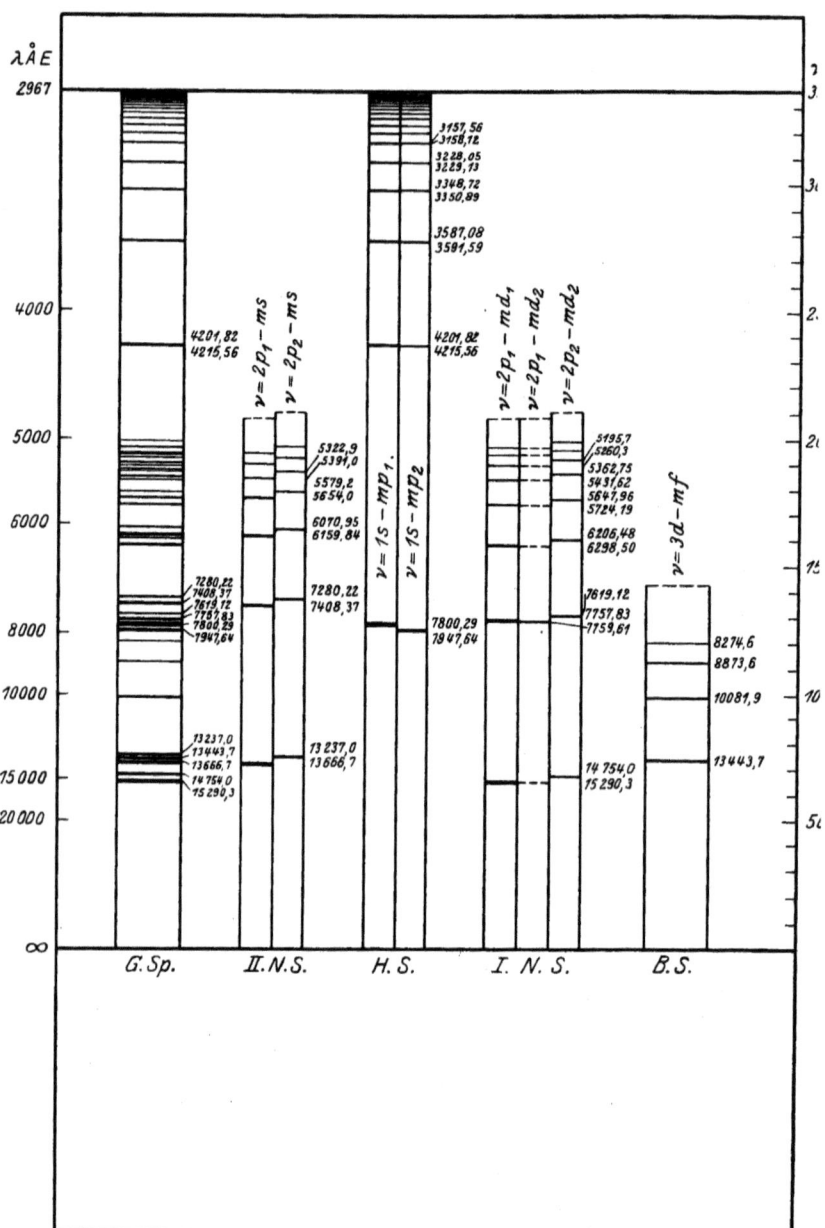

Fig. 30, II, Text S. 55. Spektrum des Rubidium I.

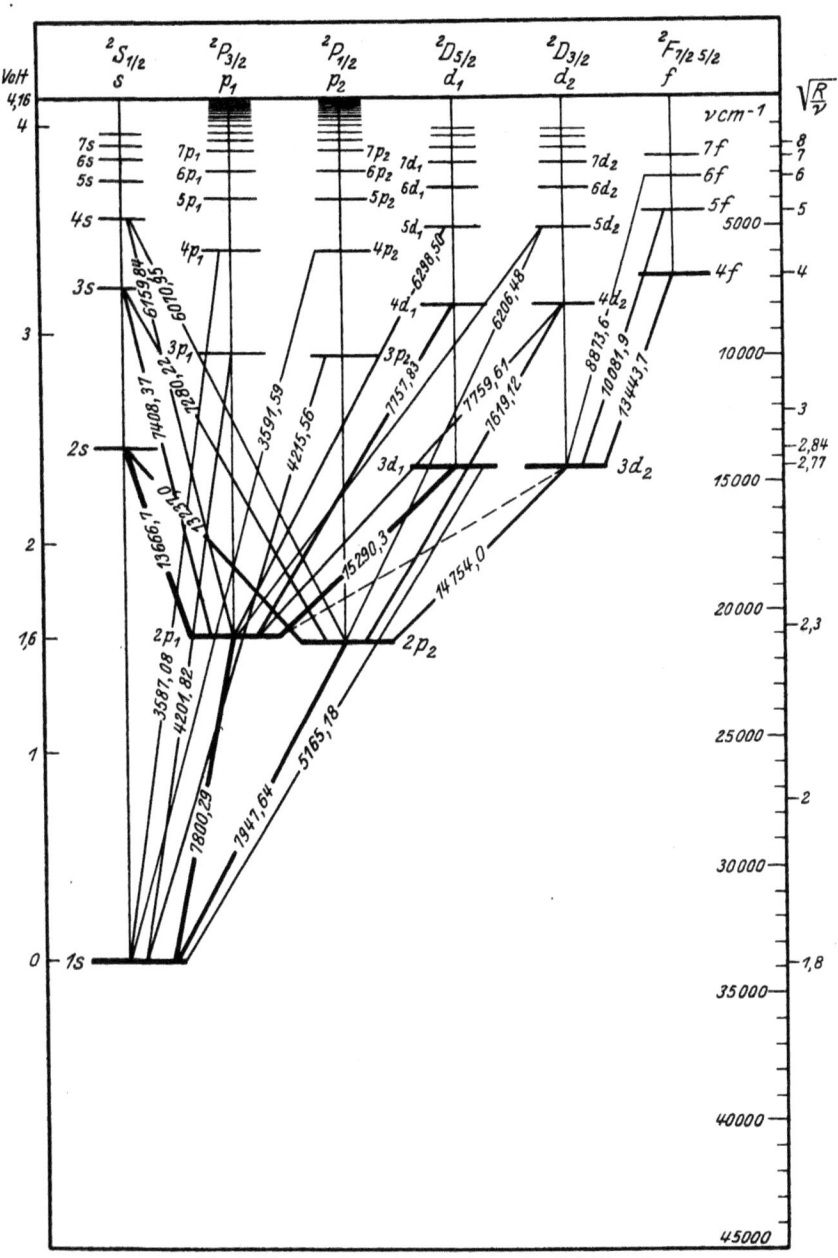

Fig. 31, II, Text S. 55. Niveauschema des Rubidium I.

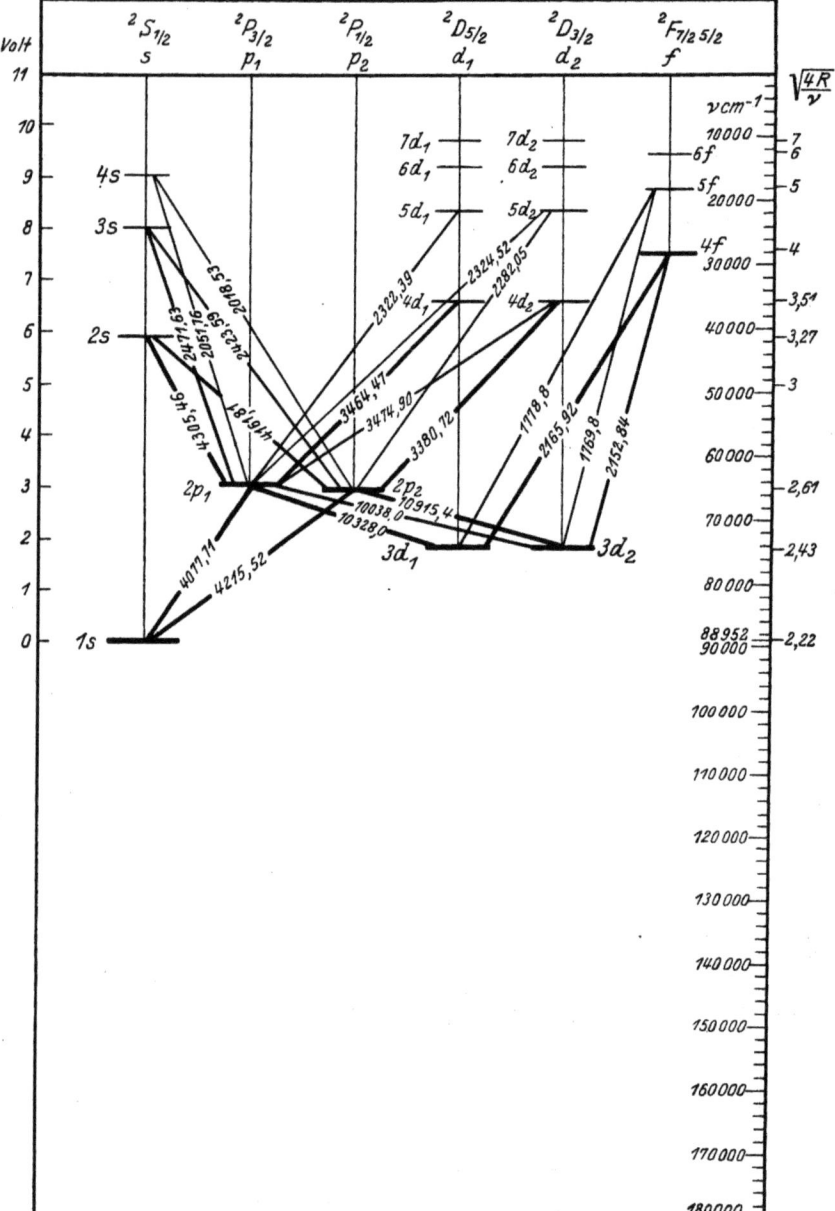

Fig. 32. II. Text S. 71. Niveauschema des Strontium II.

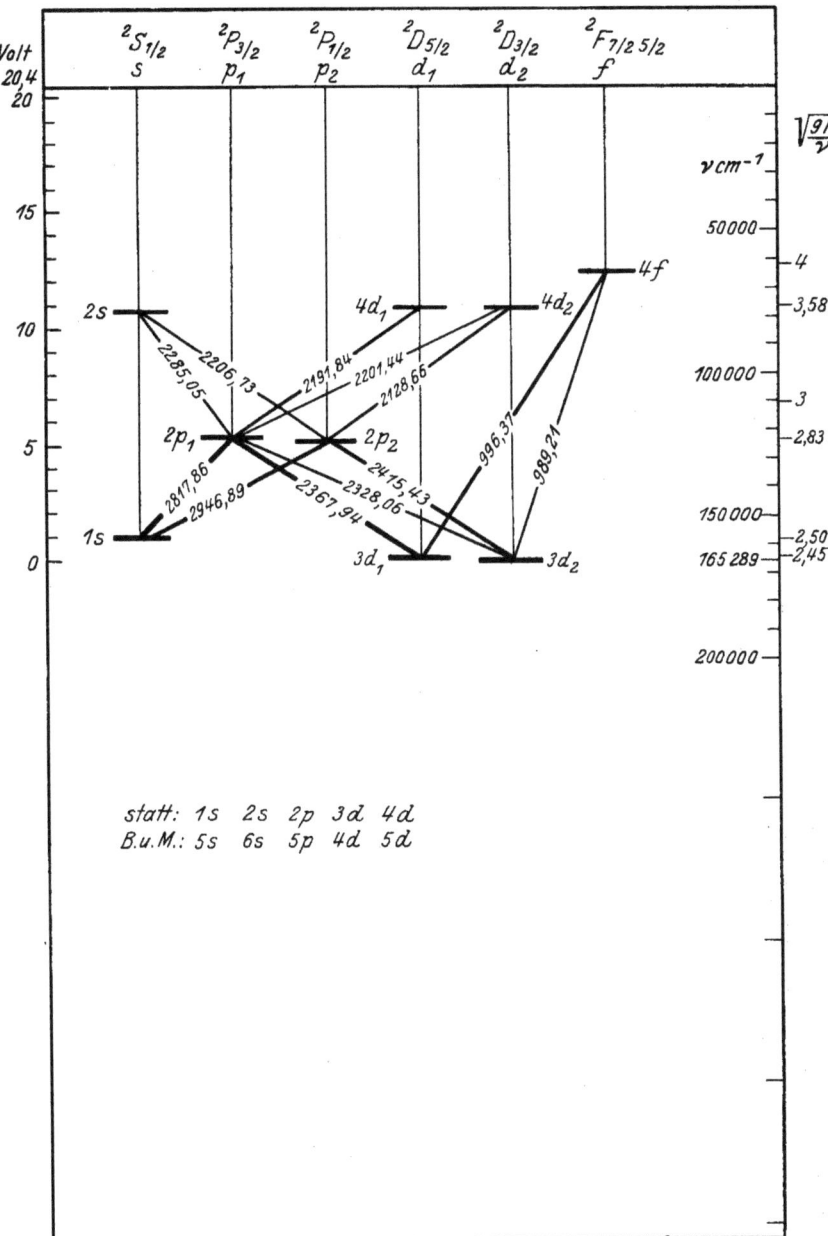

Fig. 33, II, Text S. 71. Niveauschema des Yttrium III. J. S. BOWEN u. R. A. MILLIKAN, Phys. Rev. Bd. 28, S. 923. 1926. (Sämtliche Wellenlängen sind λ_{vac}.)

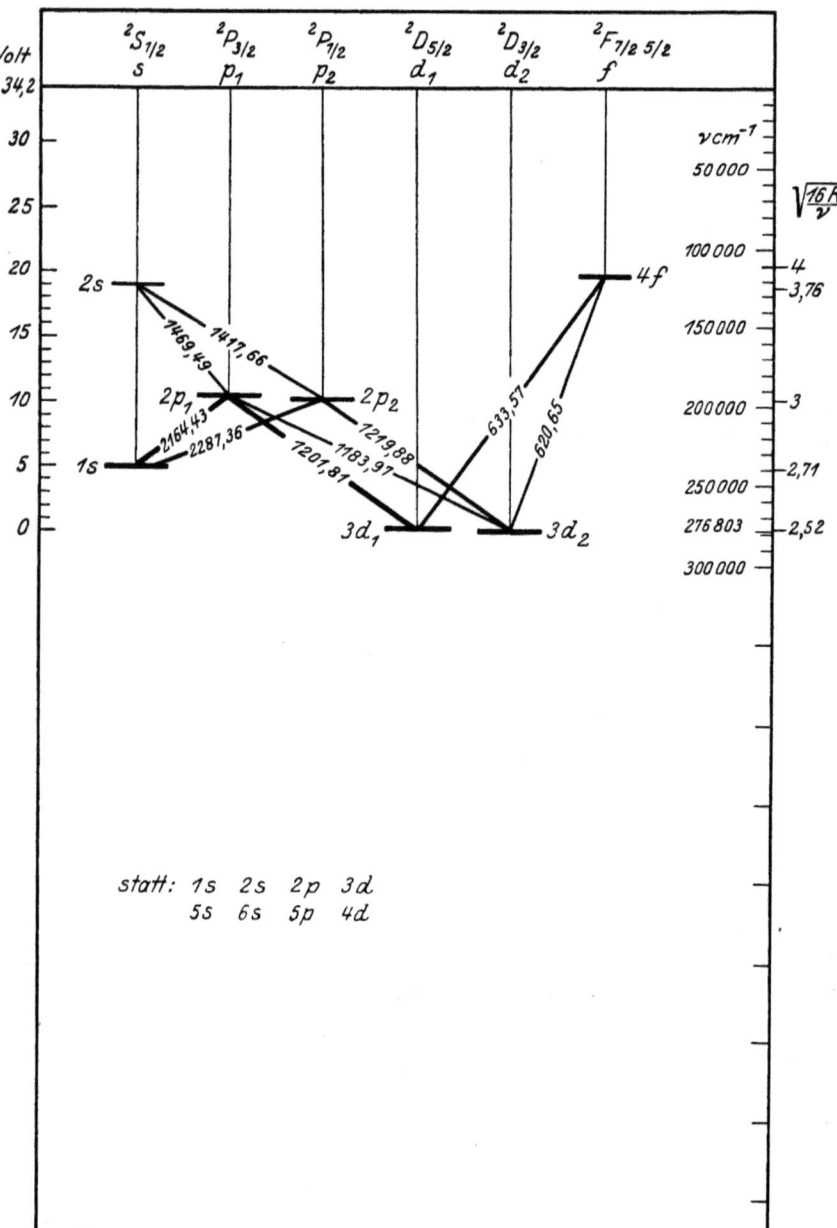

Fig. 34, II, Text S. 71. Niveauschema des Zirkon IV. J. S. BOWEN u. R. A. MILLIKAN, Phys. Rev. Bd. 28, S. 923. 1926. (Sämtliche Wellenlängen sind λ_{vac}.)

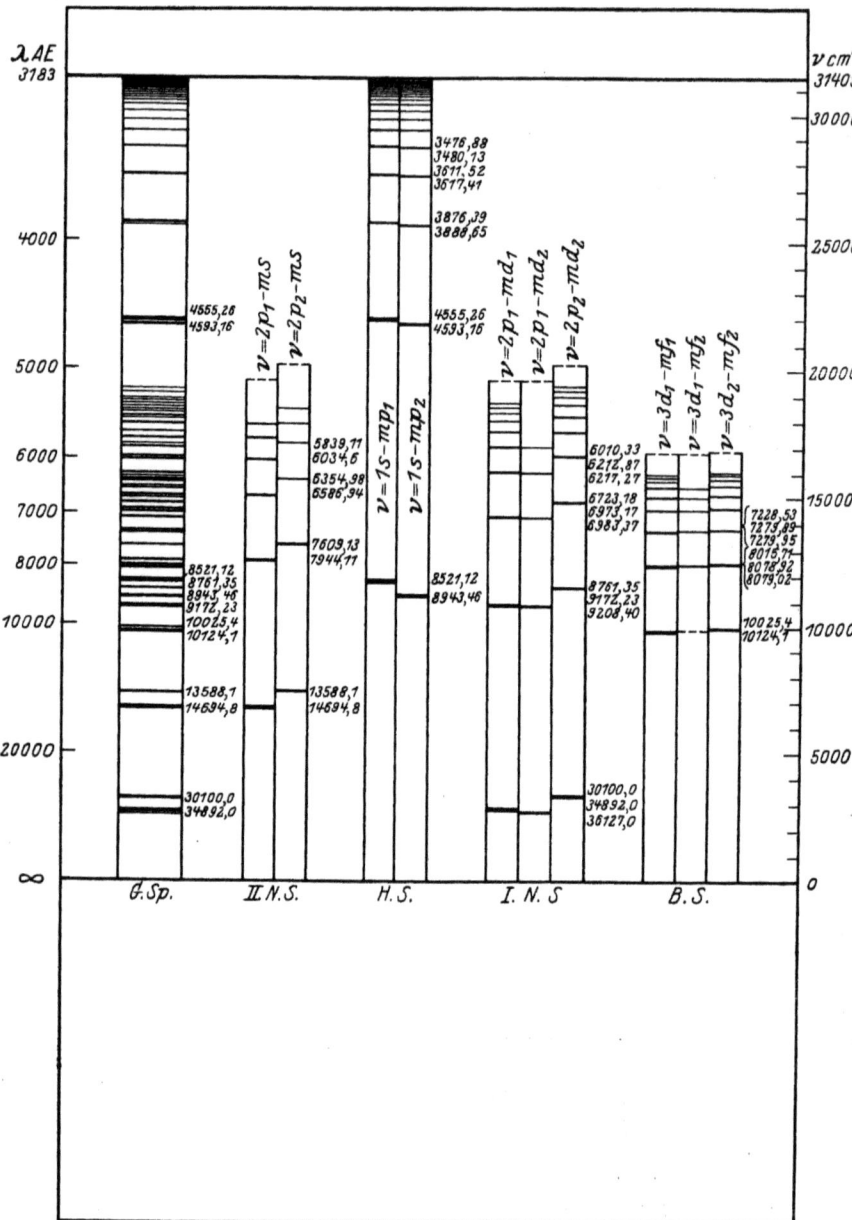

Fig. 35, II, Text S. 55. Bezüglich der Bergmannserie siehe K. W. MEISSNER, Ann. d. Phys. Bd. 65, S. 378. 1921.

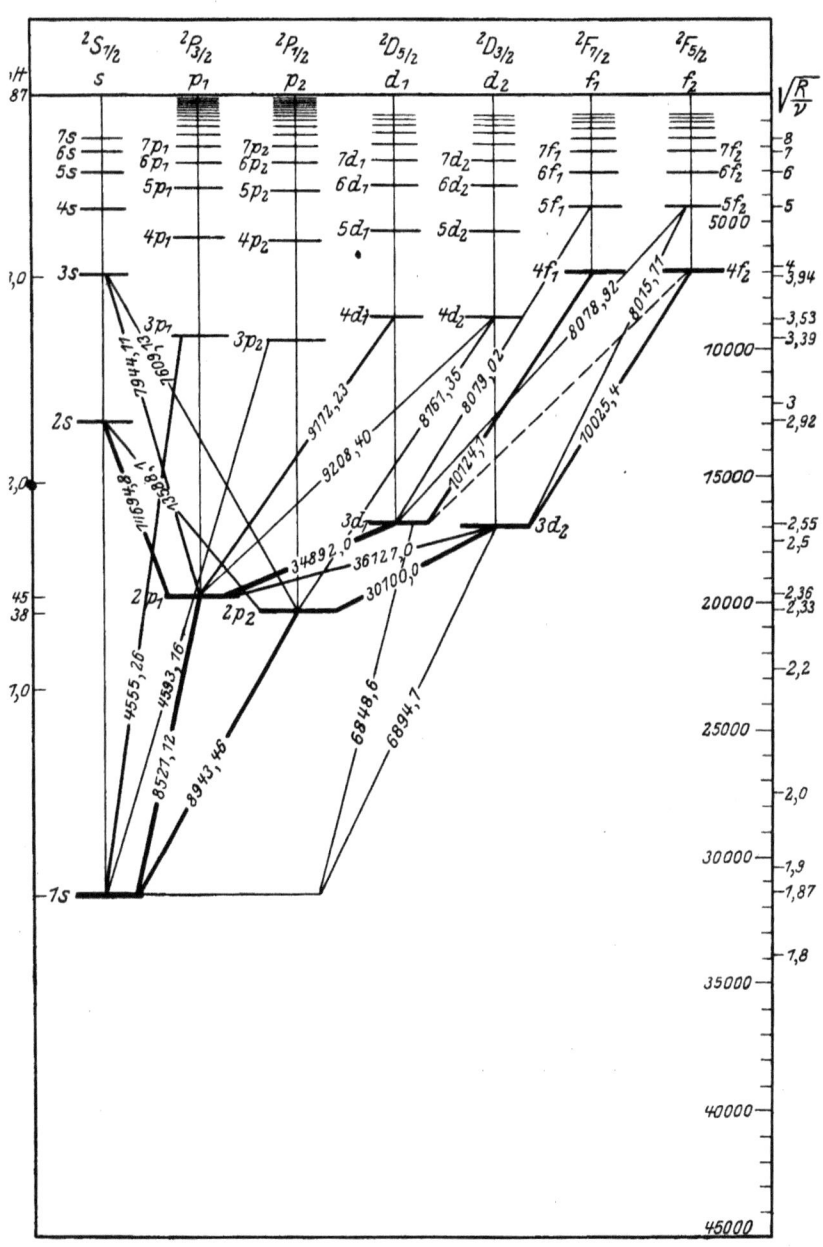

Fig. 36, II, Text S. 56. Niveauschema des Caesium I.

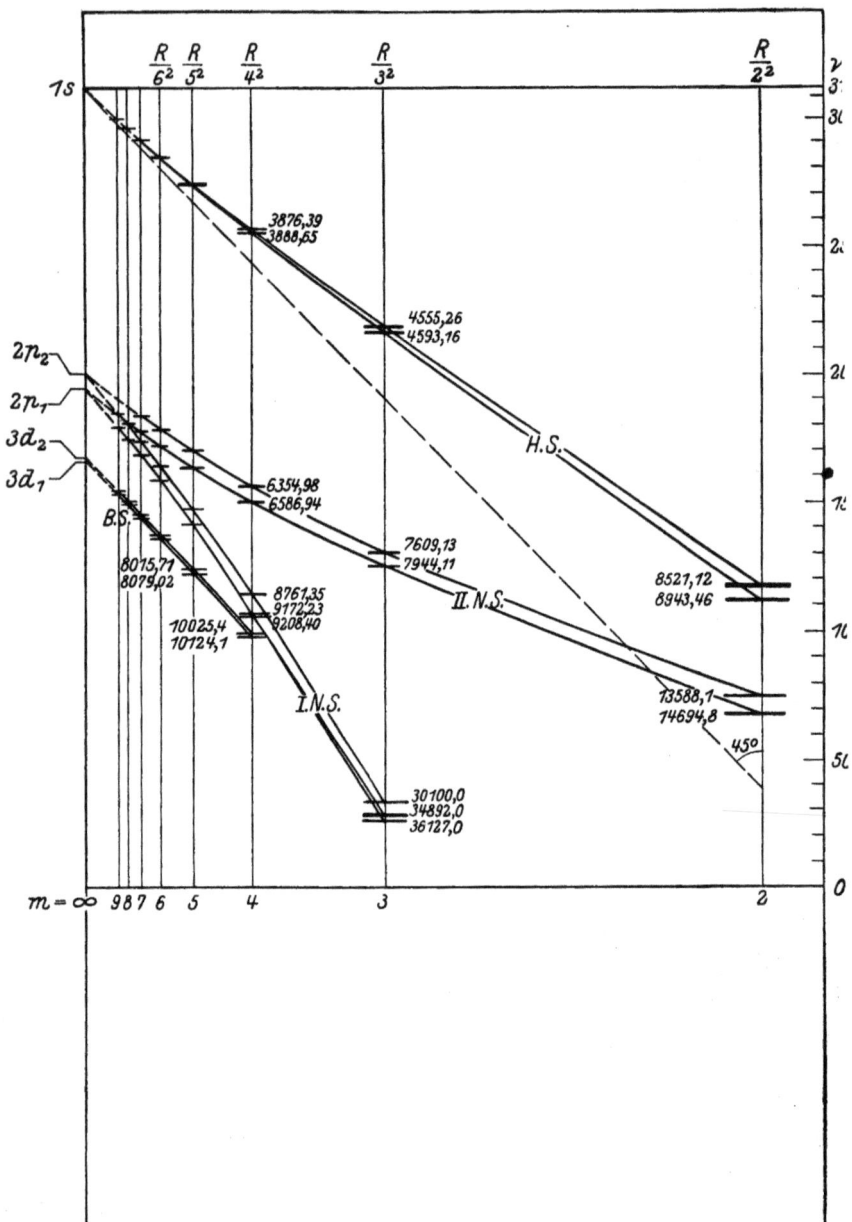

Fig. 37, II, Text S. 56. Darstellung der Serien des Caesium-I-Spektrums nach MADELUNG.

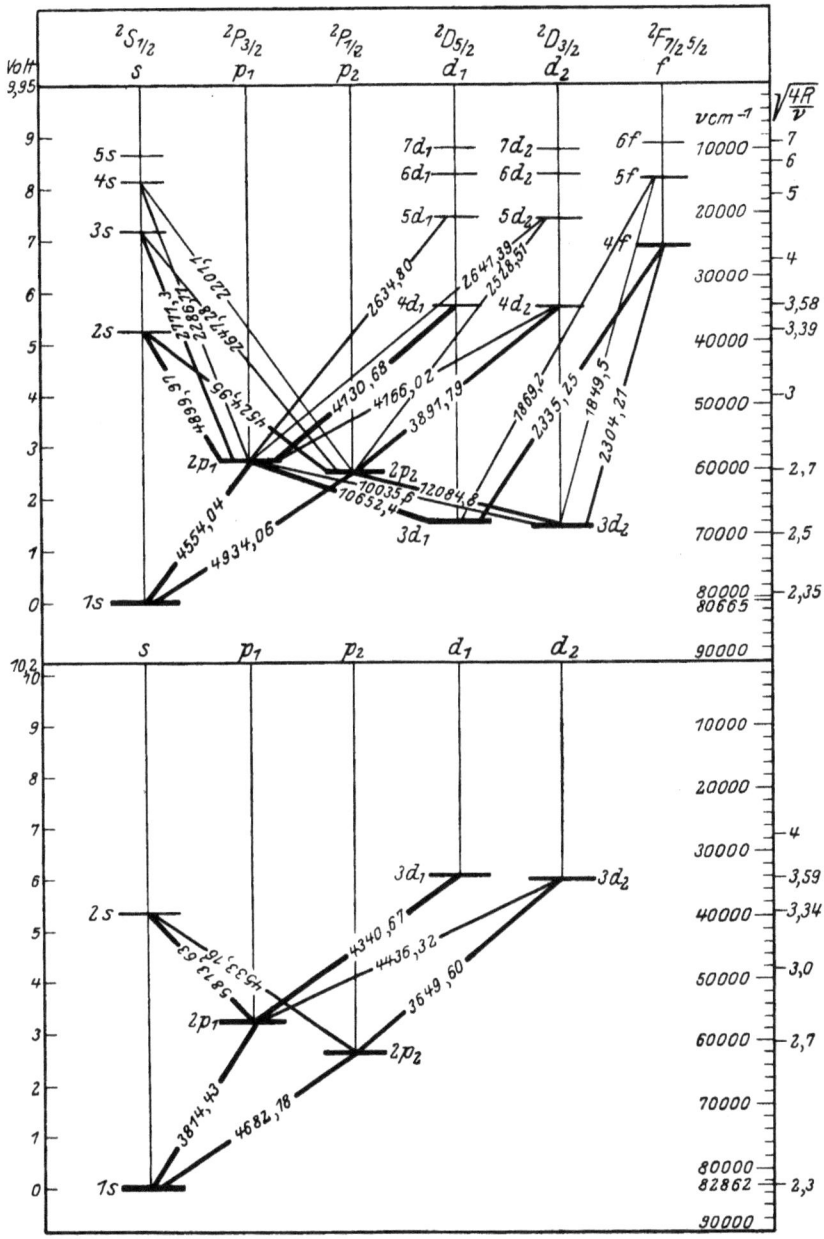

Fig. 38, II, Text S. 71. Oben: Niveauschema des Barium II. Unten: Niveauschema des Radium II.

44   Kupfer I.

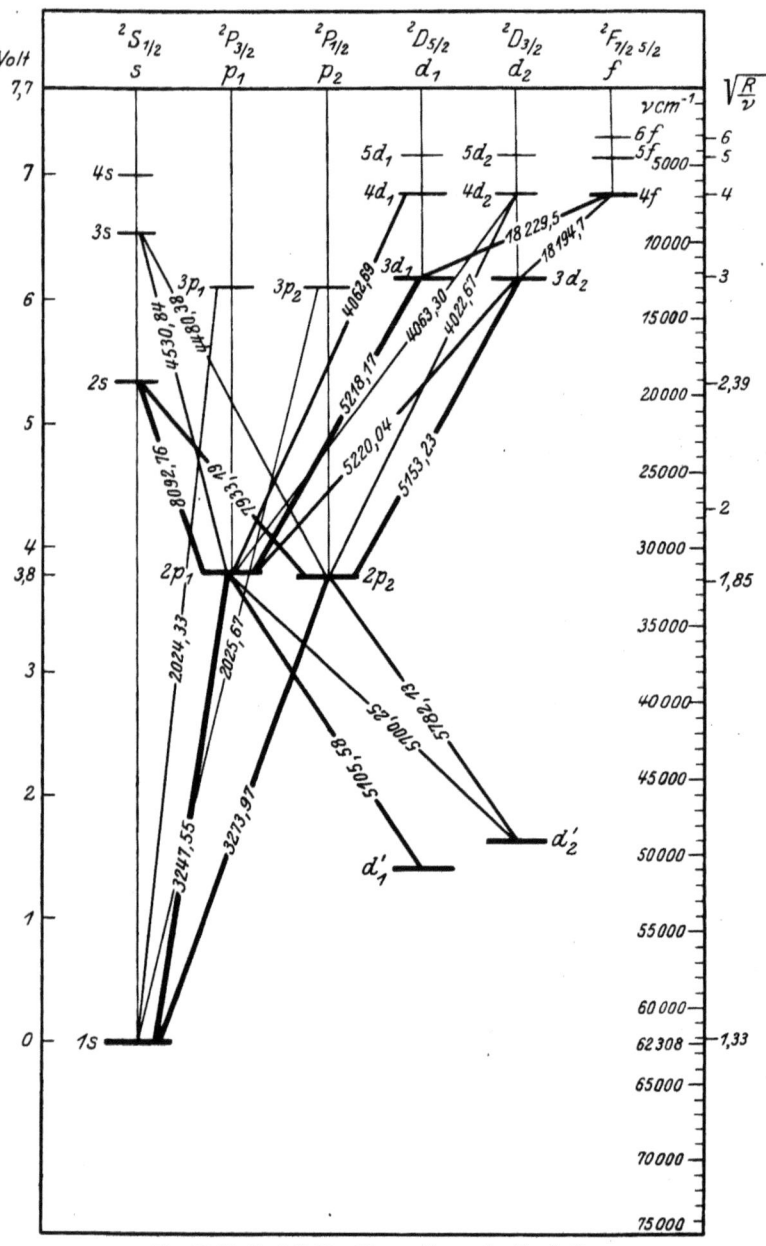

Fig. 39, II, Text S. 73. Niveauschema des Kupfer I.

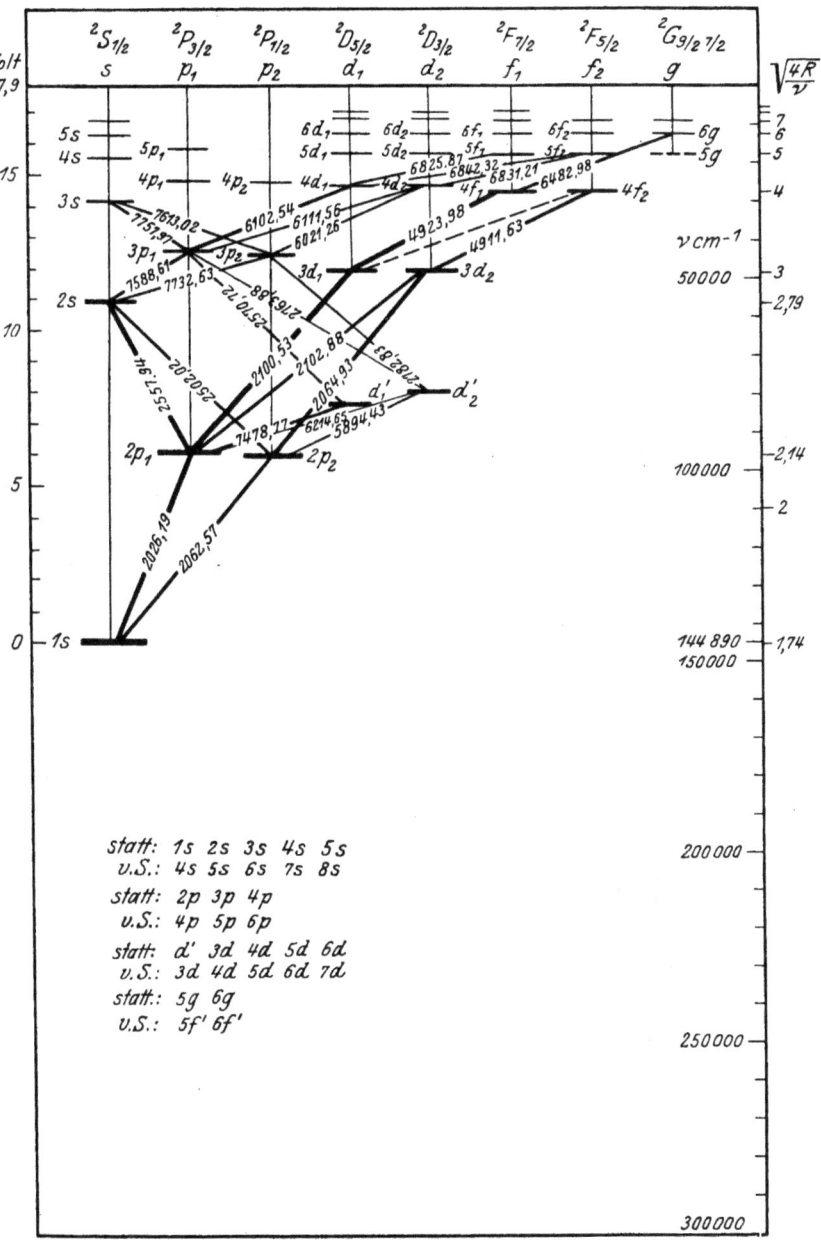

Fig. 40, II, Text S. 74. Niveauschema des Zink II. G. v. SALIS, Ann. d. Phys. Bd. 76, S. 145. 1925.

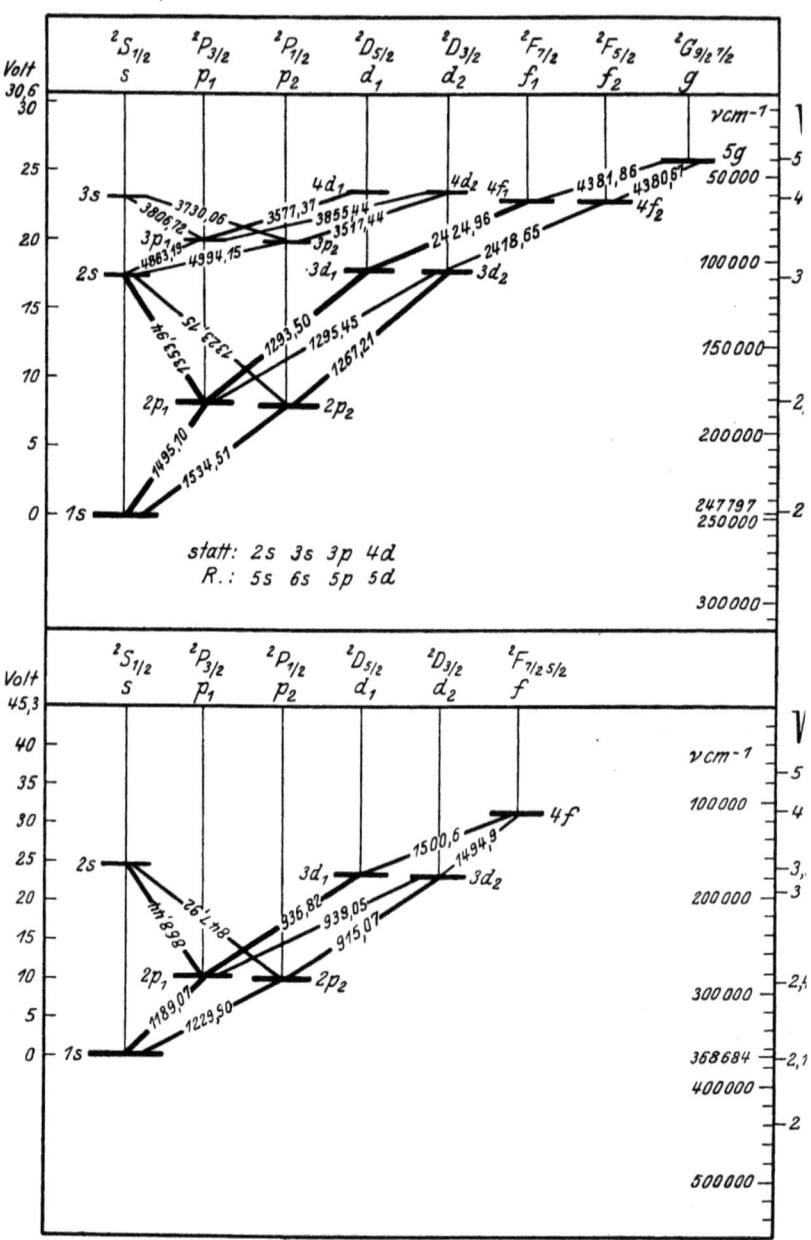

Fig. 41, II, Text S. 74. Oben: Niveauschema des Gallium III. Unten: Niveauschema des Germanium IV. J. A. CARROL, Phil. Trans. Bd. 225, S. 357, A 634. 1926; R. J. LANG, Phys. Rev. Bd. 30, S. 762. 1927. Für Ga III siehe auch K. R. RAO, Proc. Phys. Soc. Bd. 39, S. 150. 1927. (Für Ga III: Die Wellenlängen $\leqq$ 2425 ÅE sind λ_{vac}.)

Silber I.

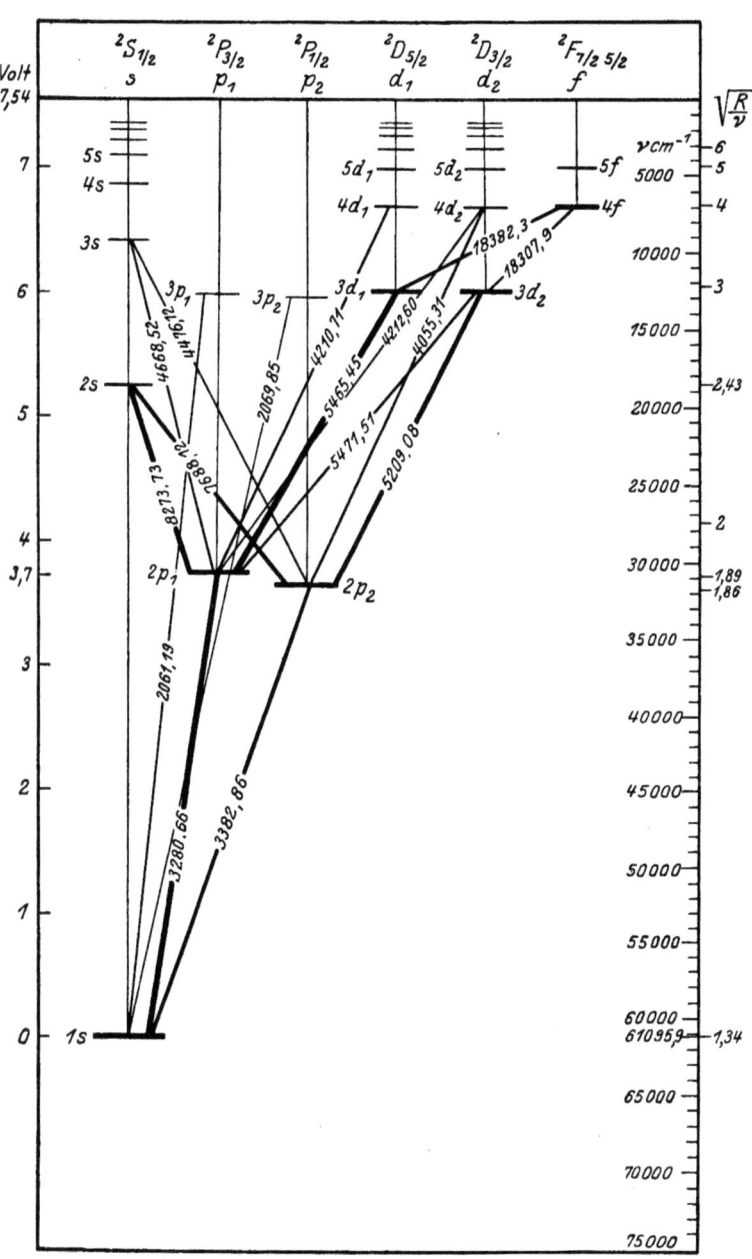

Fig. 42, II, Text S. 73. Niveauschema des Silber I.

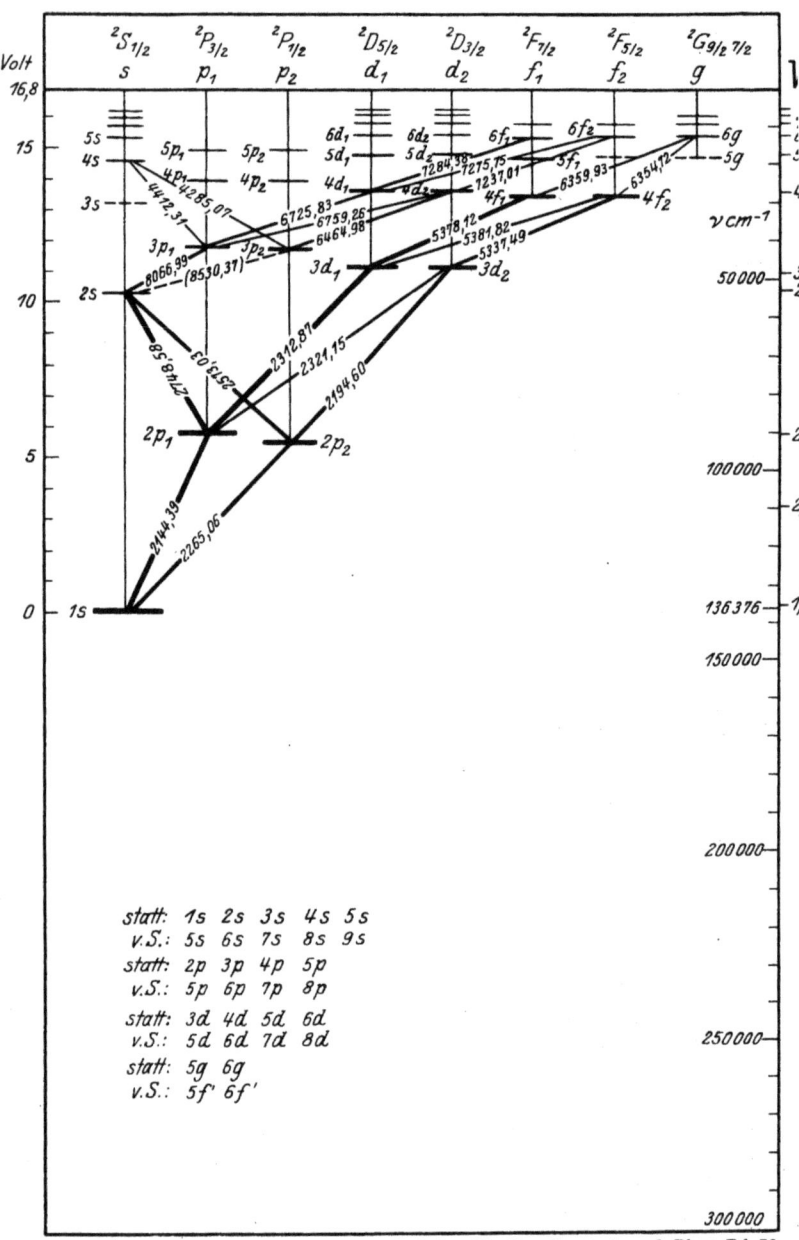

Fig. 43, II, Text S. 74. Niveauschema des Cadmium II. G. v. SALIS, Ann. d. Phys. Bd. 76, S. 145. 1925.

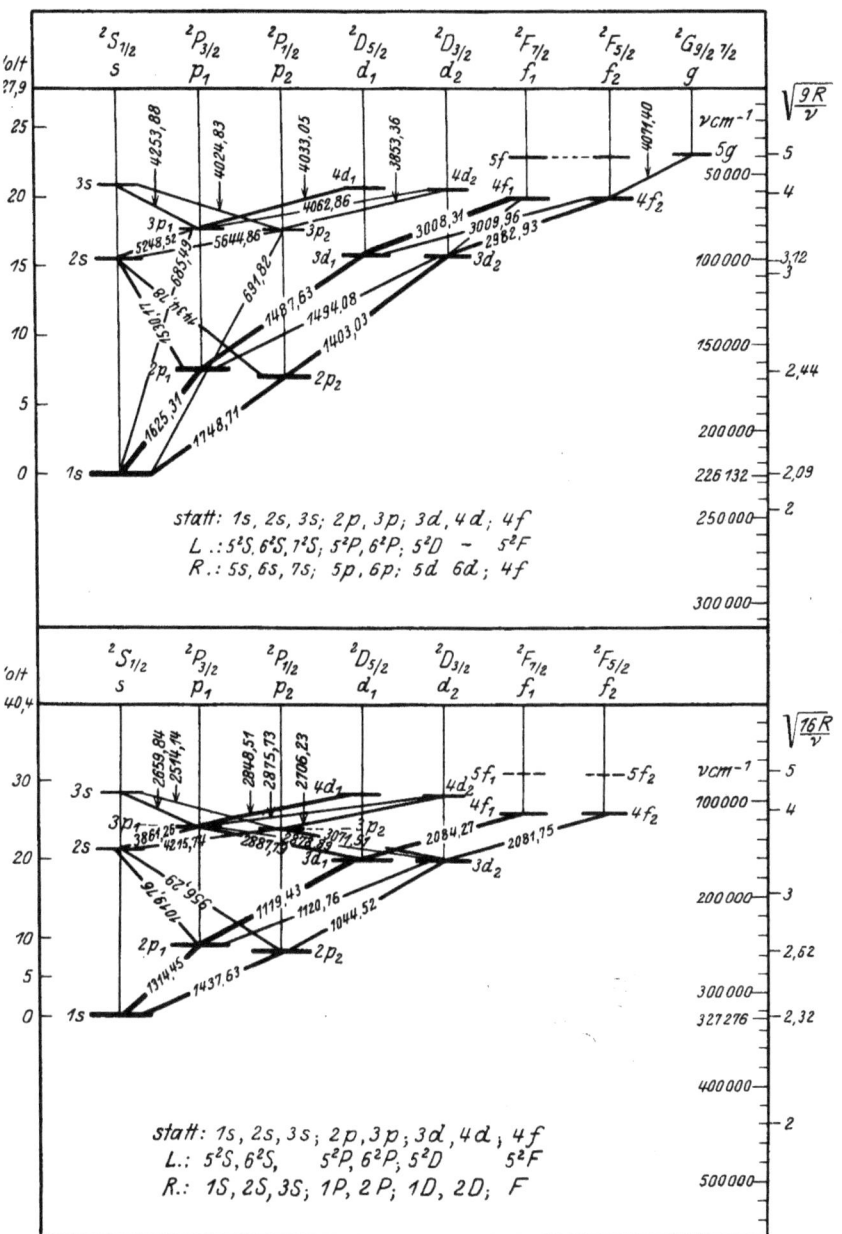

Fig. 44, II, Text S. 74. Oben: Niveauschema des Indium III. Unten: Niveauschema des Zinn IV. J. A. Carrol, Phil. Trans Bd. 225, S. 357, A 634. 1926; R. J. Lang, Proc. Nat. Acad. Amer. Bd. 13, S. 341. 1927. Für Jn III siehe auch: K. R. Rao, Proc. Phys. Soc. Bd. 39, S. 150. 1927. Für Sn IV siehe auch: K. R. Rao, ebenda Bd. 39, S. 408. 1927. (Für In III: Die Wellenlängen ≤ 3010 ÅE sind λ_{vac}. Für Sn IV: Die Wellenlängen ≤ 2000 ÅE sind λ_{vac}.)

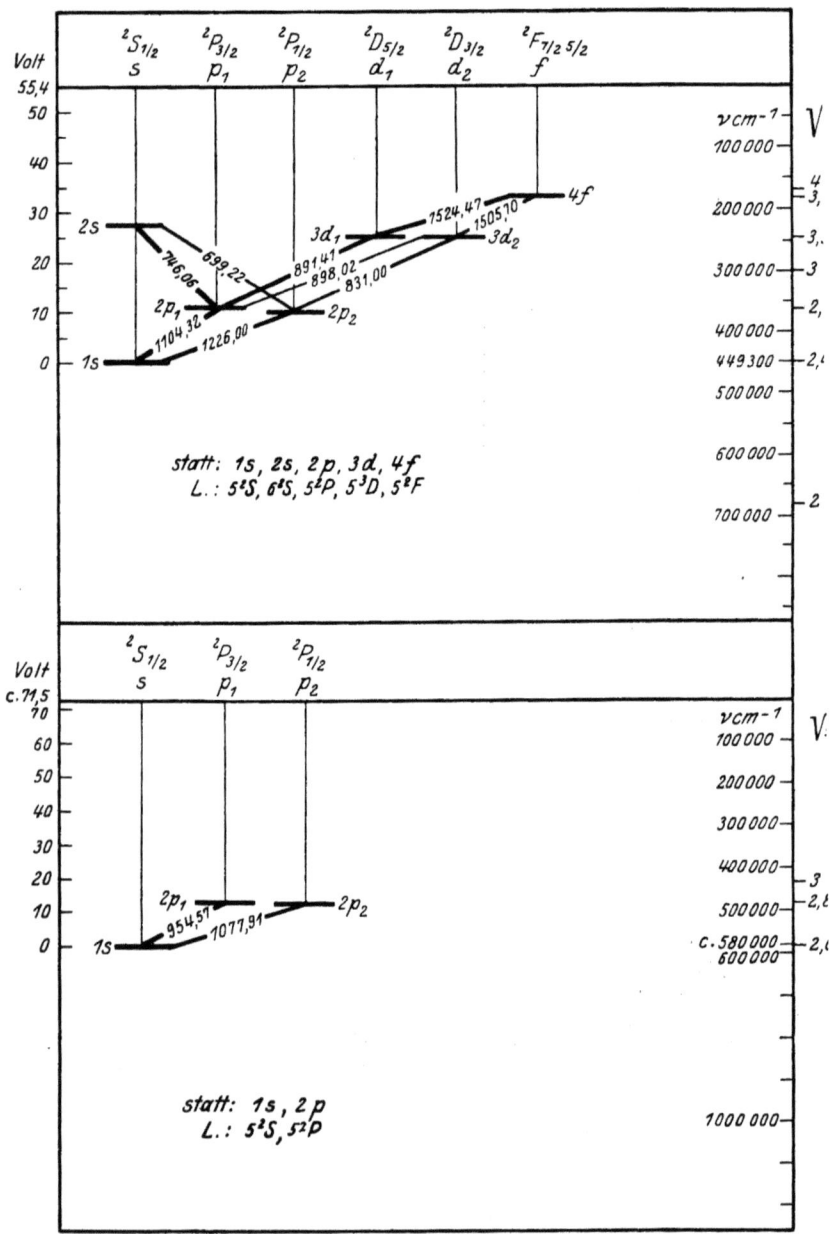

Fig. 45, II, Text S. 74. Oben: Niveauschema des Antimon V. Unten: Niveauschema des Tellur VI. R. J. LANG, Proc. Nat. Acad. Amer. Bd. 13, S. 341. 1927.

Gold I.

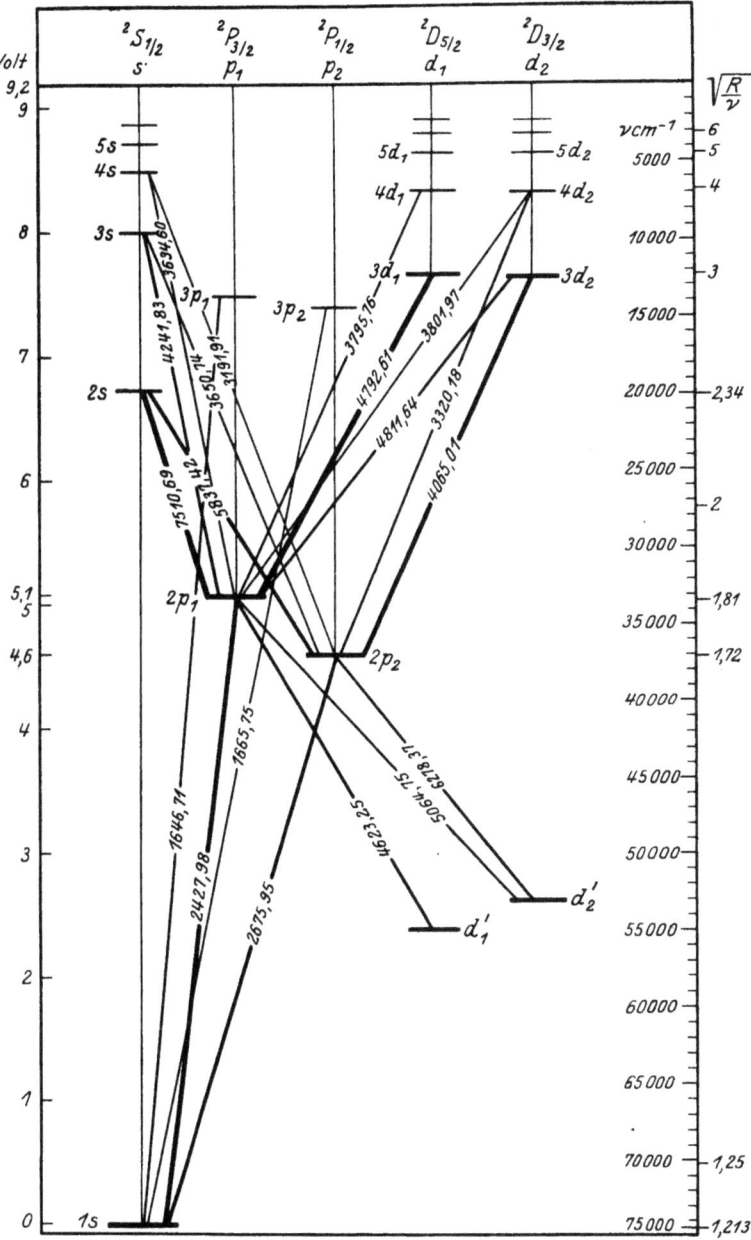

Fig. 46, II, Text S. 73. Niveauschema des Gold I. V. Thorsen, Naturwissensch. Bd. 25, S. 500. 1923; J. C. McLennan u. A. B. McLay, Proc. Roy. Soc. London Bd. 108, S. 571. 1925 u. Bd. 112, S. 95. 1926.

Quecksilber II.

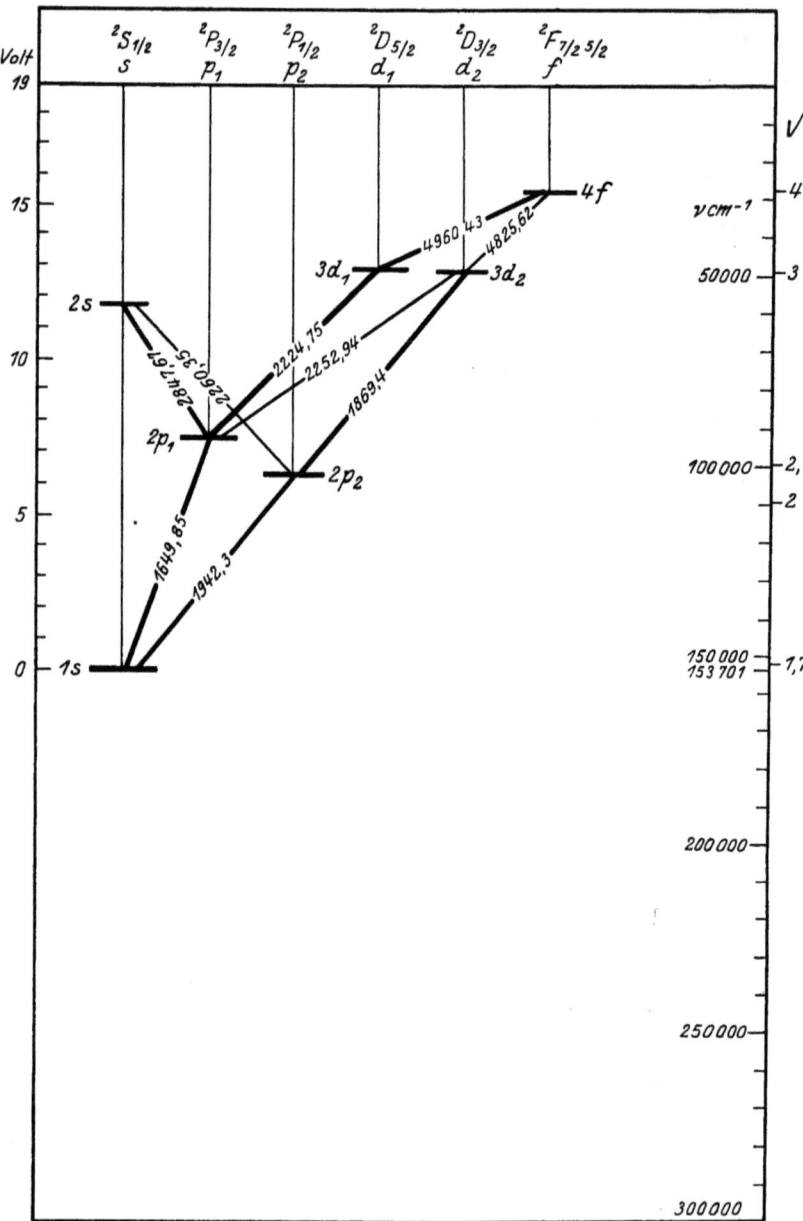

Fig. 47, II, Text S. 74. Niveauschema des Quecksilber II. J. A. CARROLL, Phil. Trans. Bd. 225, S. 357, A 634. 1926.

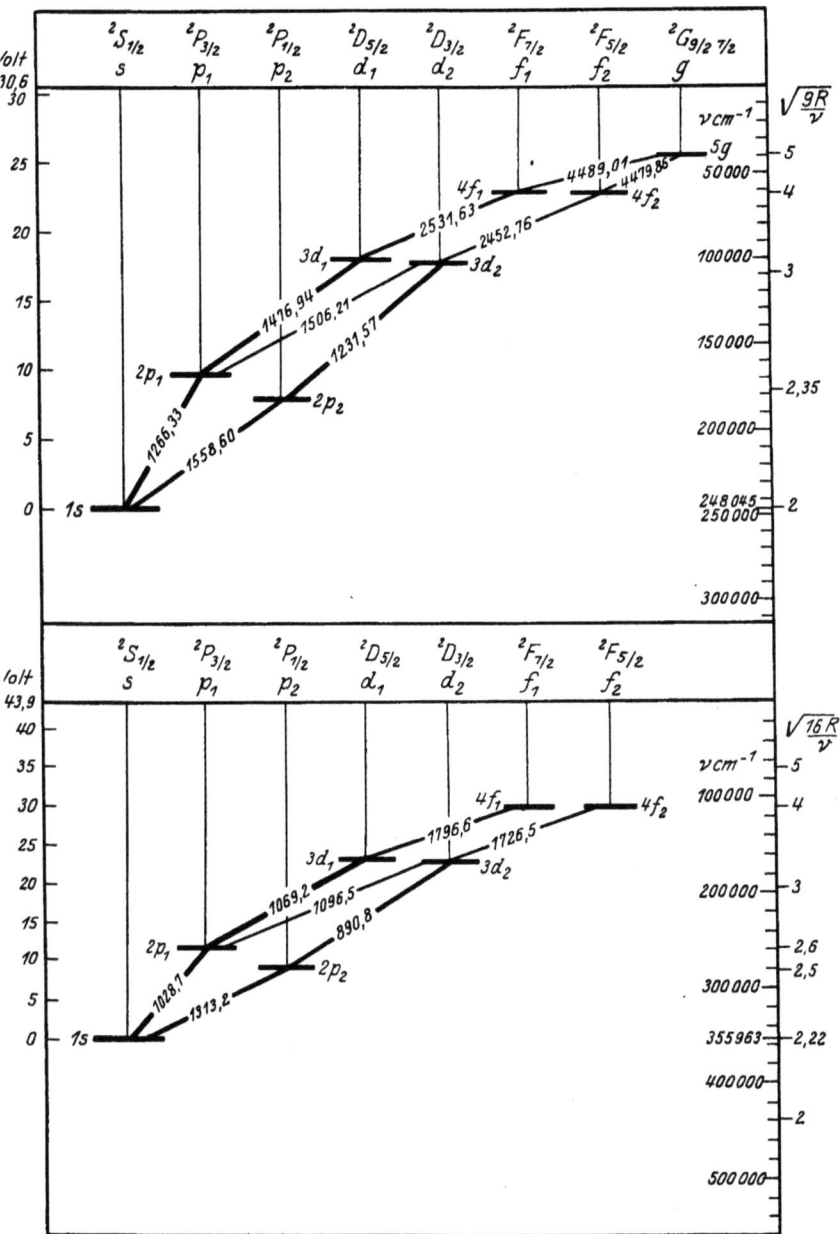

Fig. 48, II, Text S. 74. Oben: Niveauschema des Thallium III. Unten: Niveauschema des Blei IV. J. A. CARROLL, Phil. Trans. Bd. 225, S. 357, A 634. 1926. (Für Tl III: Die Wellenlängen ≤ 2532 ÅE sind λ_{vac}.)

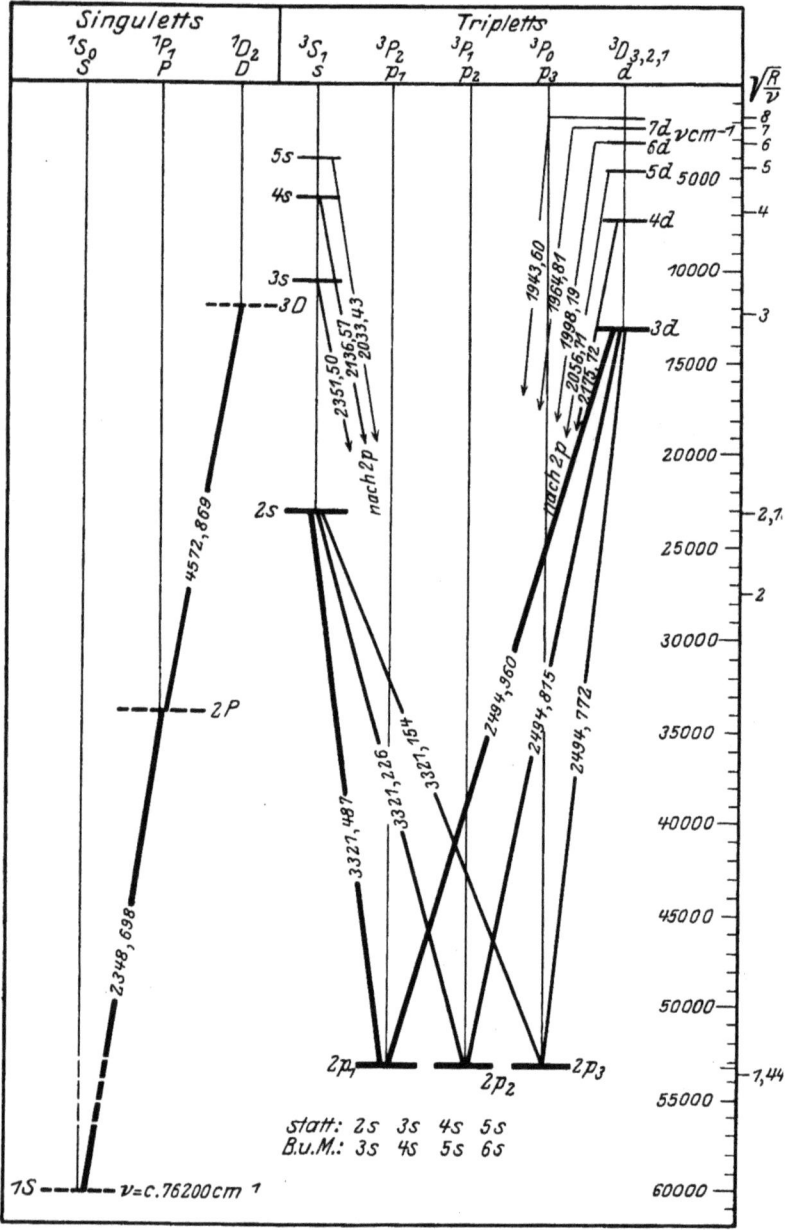

Fig. 49, II, Text S. 84. Niveauschema des Berylliums I. E. BACK, Ann. d. Phys. Bd. 70, S. 333. 1923; J. S. BOWEN u. R. A. MILLIKAN, Phys. Rev. Bd. 28, S. 256. 1926. (Die Wellenlängen der ersten Glieder der Serien sind λ_{Luft} nach BACK, die der höheren Glieder sind λ_{vac} nach BOWEN u. MILLIKAN.)

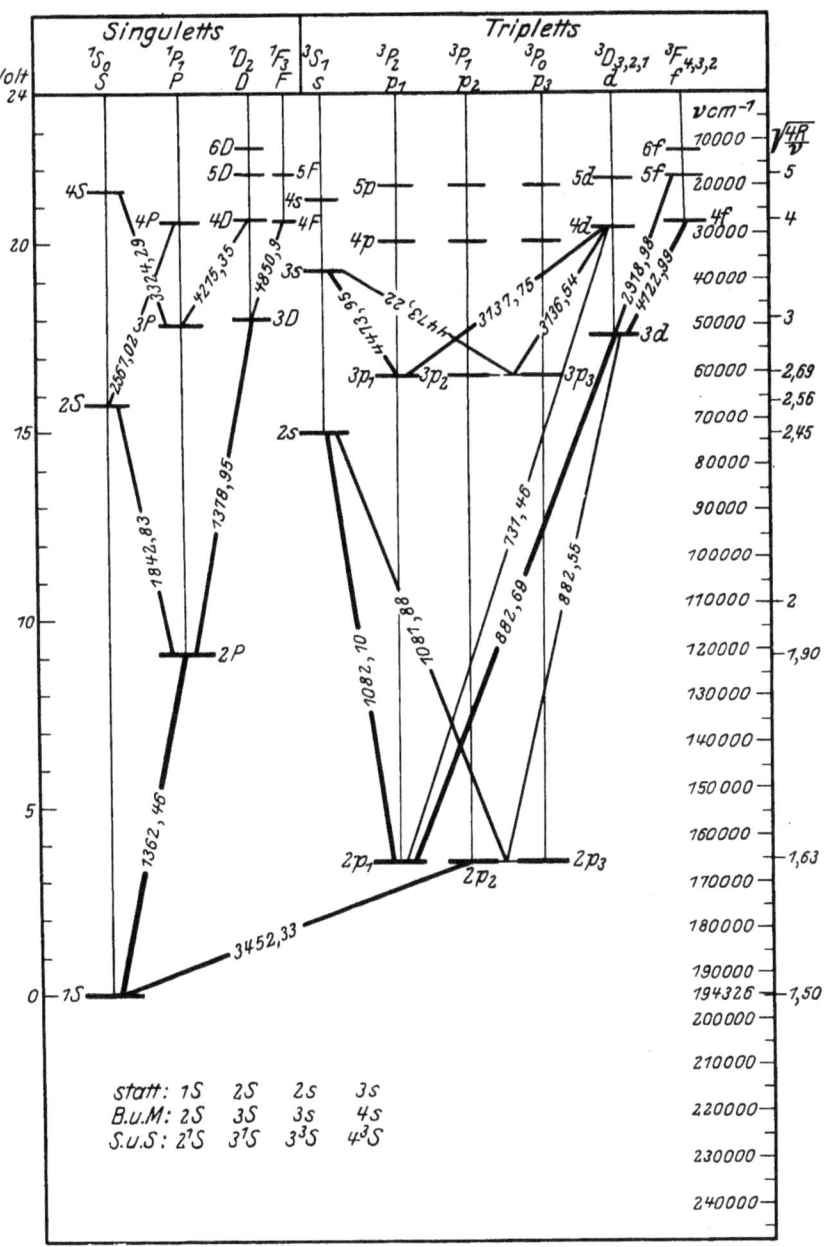

Fig. 50, II, Text S. 86. Niveauschema des Bor II. J. S. BOWEN u. R. A. MILLIKAN, Phys. Rev. Bd. 26, S. 310. 1925; R. A. SAWYER u. F. R. SMITH, Journ. Opt. Soc. Amer. Bd. 14, S. 287. 1927. (Sämtliche Wellenlängen sind λ_{vac}.)

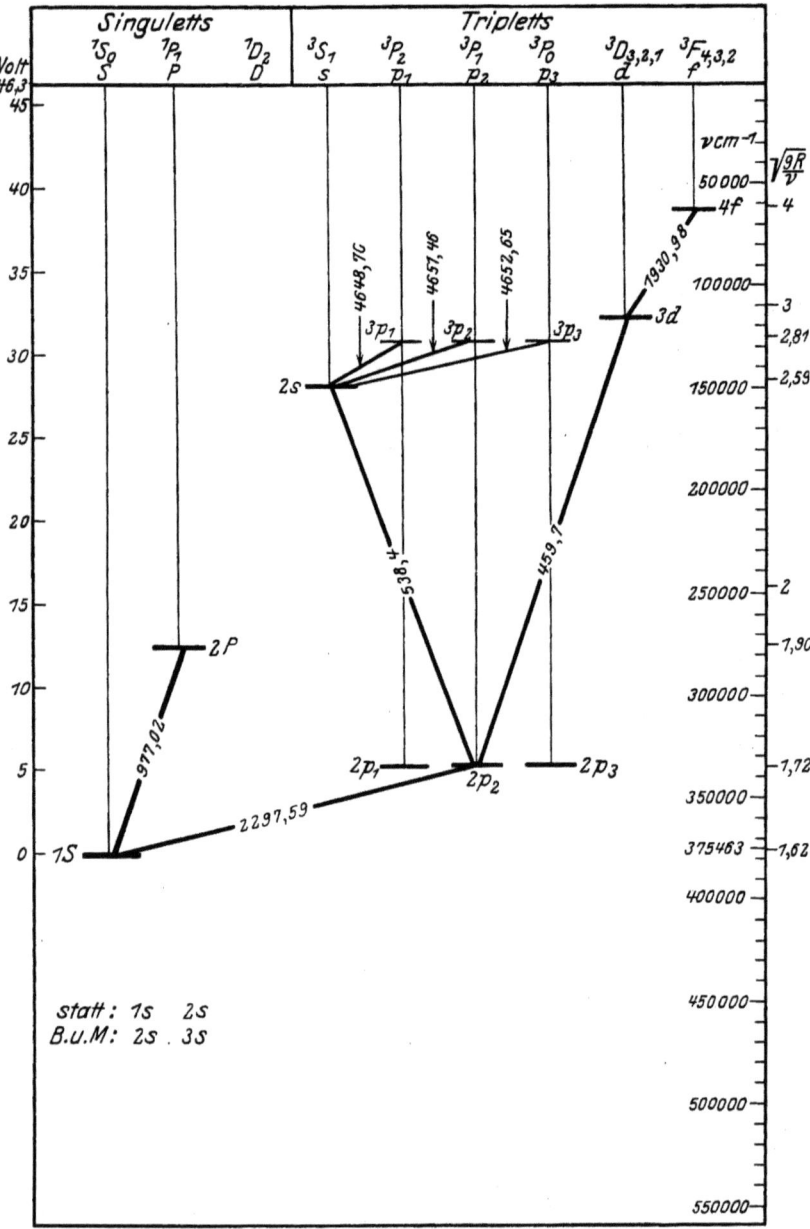

Fig. 51, II, Text S. 86. Niveauschema der Kohle III. J. S. Bowen u. R. A. Millikan, Phys. Rev. Bd. 26, S. 310. 1925. (Sämtliche Wellenlängen sind λ_{vac}.)

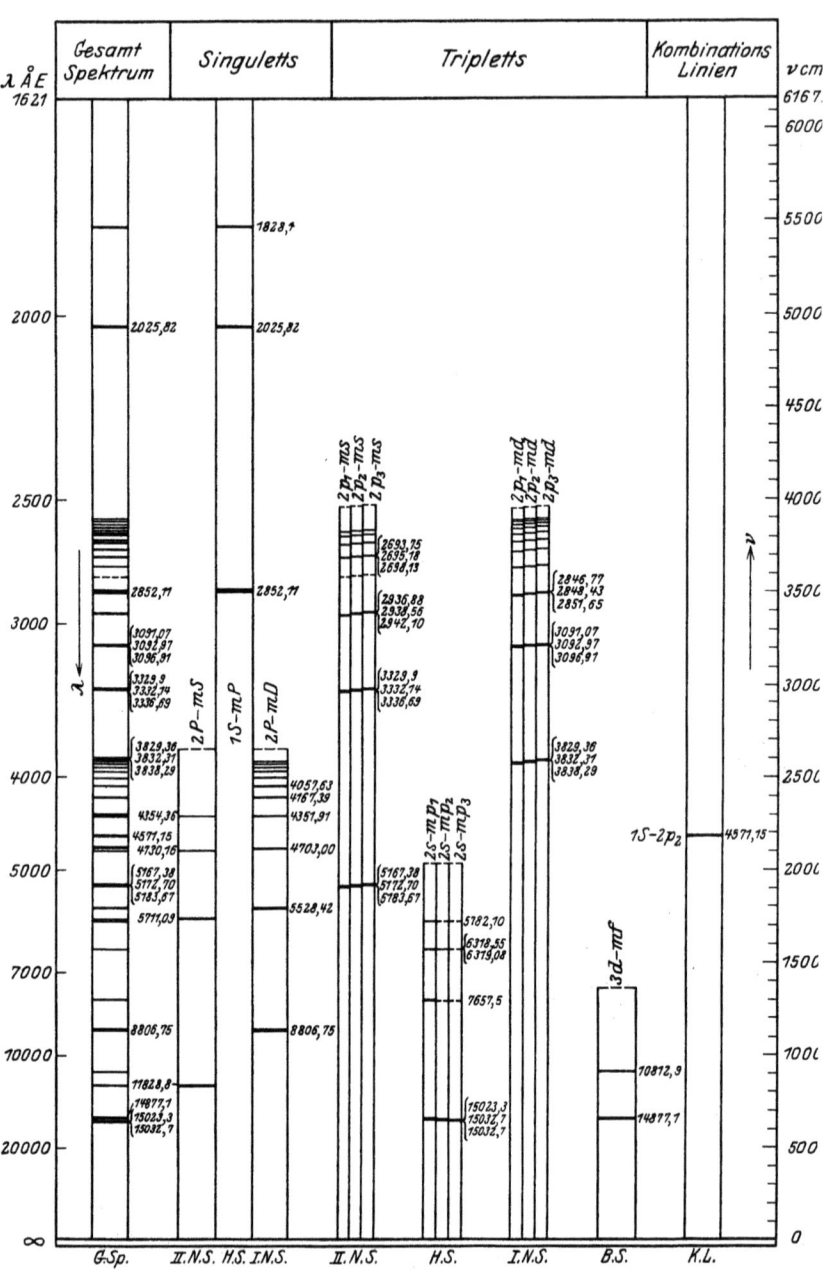

Fig. 52, II, Text S. 75f. Spektrum des Magnesium I.

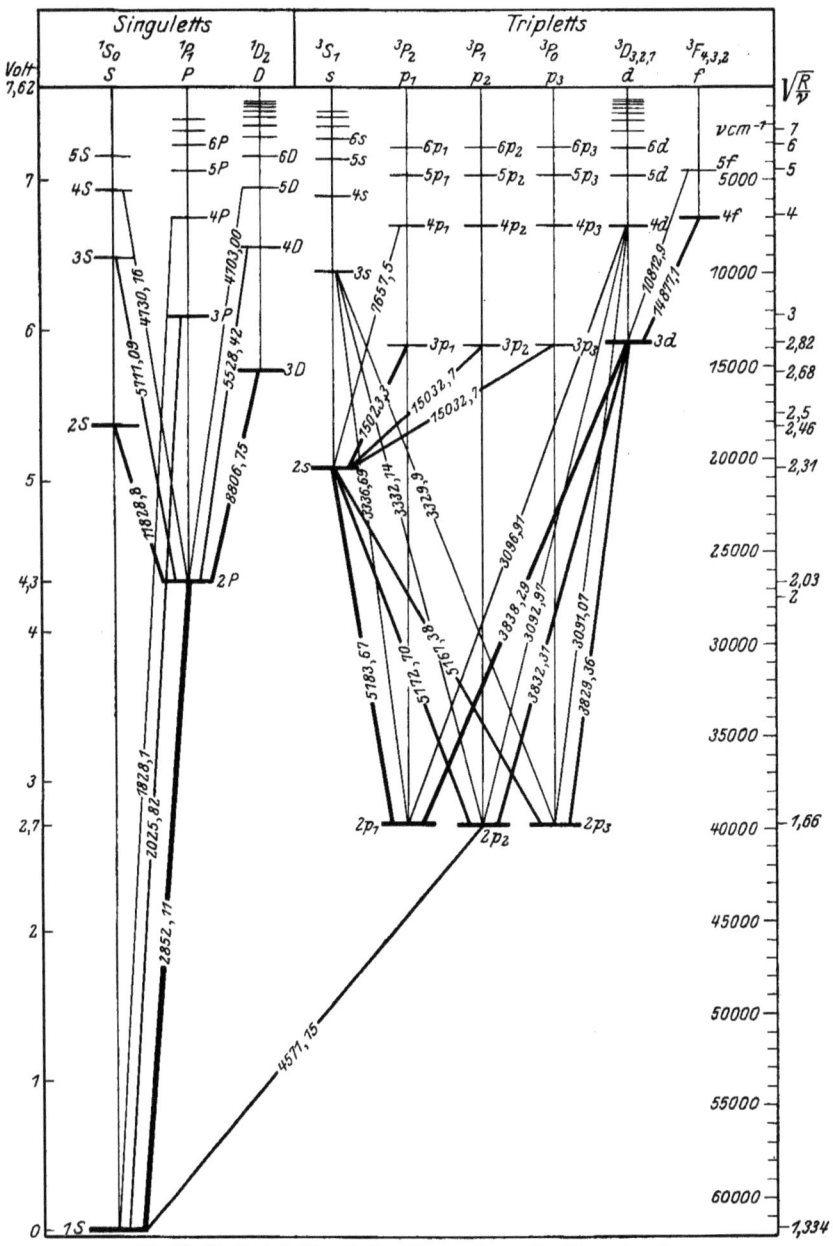

Fig. 53, II, Text S. 76 und 78. Niveauschema des Magnesium I.

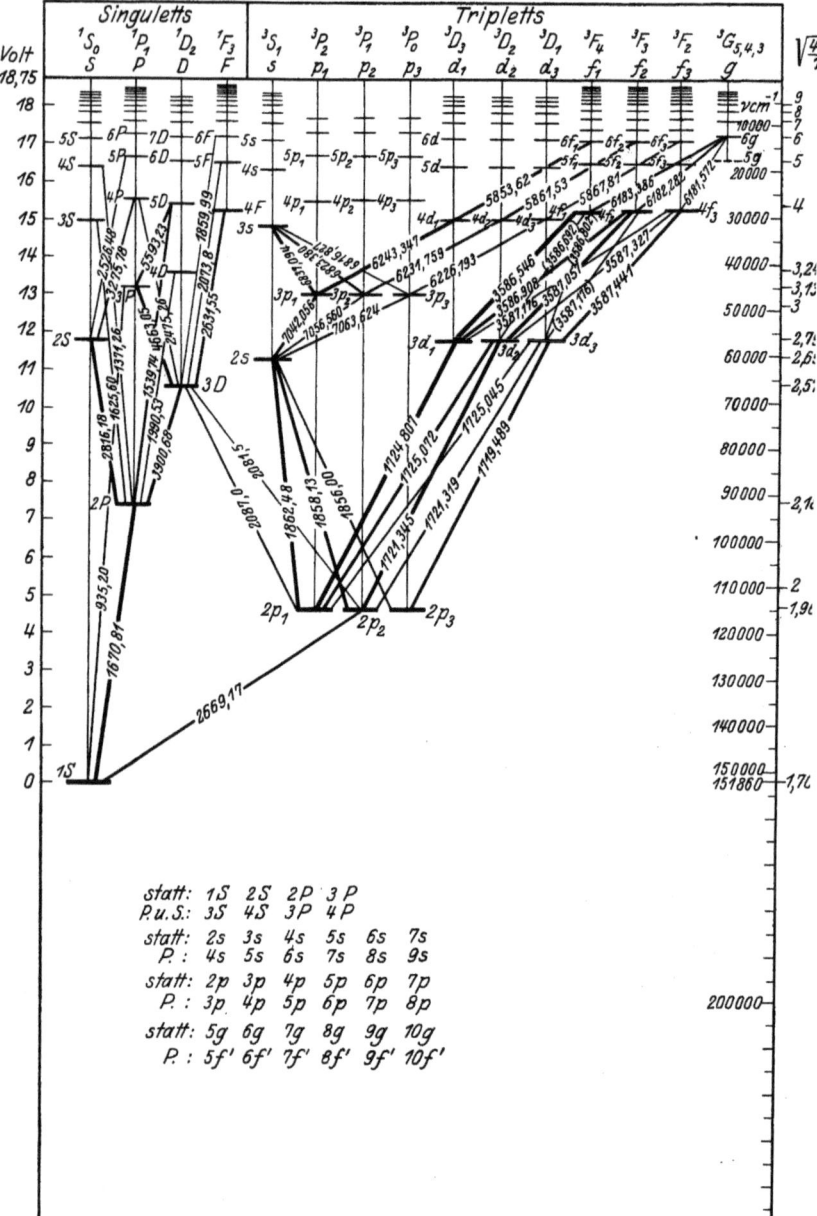

Fig. 54, II, Text S. 86f. Niveauschema des Aluminium II. Tripletts: F. PASCHEN, Ann. d. Phys. Bd. 71, S. 537. 1923. Singuletts: R. A. SAWYER u. F. PASCHEN, ebenda Bd. 84, S. 1. 1927.

Silicium III.

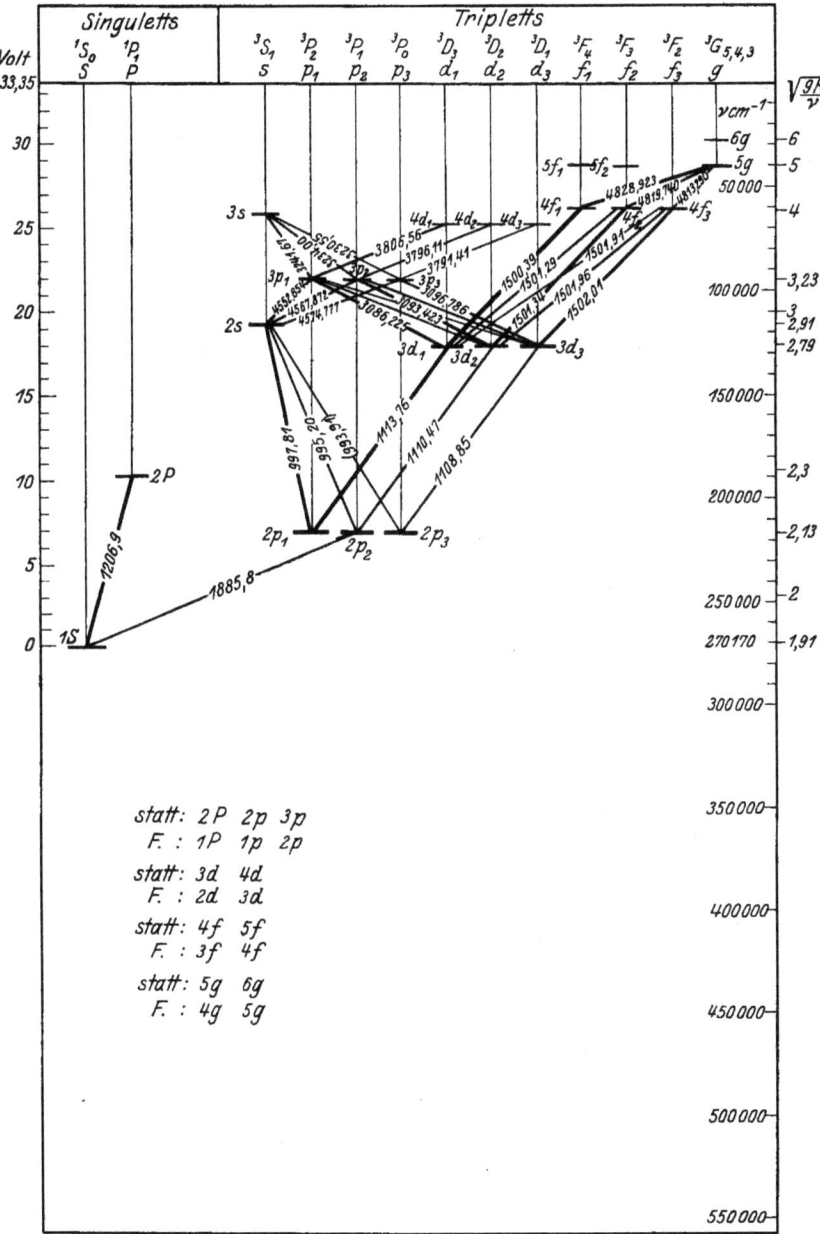

Fig. 55, II, Text S. 86. Niveauschema des Silicium III. A. FOWLER, Phil. Trans. Bd. 225, S. 1. A 626. 1925. Wegen der Singuletts siehe R. A. SAWYER u. F. PASCHEN, Ann. d. Phys. Bd. 84, S. 8. 1927.

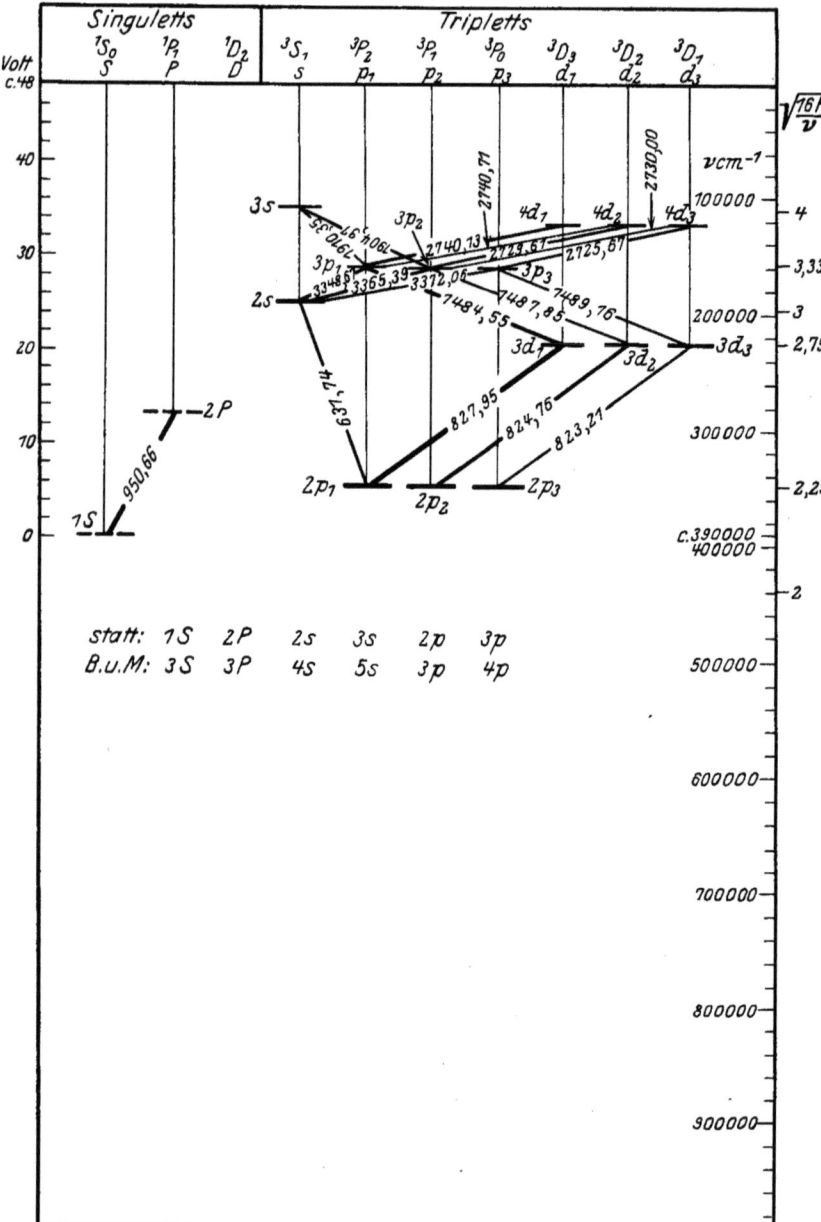

Fig. 56, II, Text S. 86. Niveauschema des Phosphor IV. J. S. BOWEN u. R. A. MILLIKAN, Phys. Rev. Bd. 25, S. 591. 1925. (Sämtliche Wellenlängen sind $\lambda_{\text{vac.}}$.)

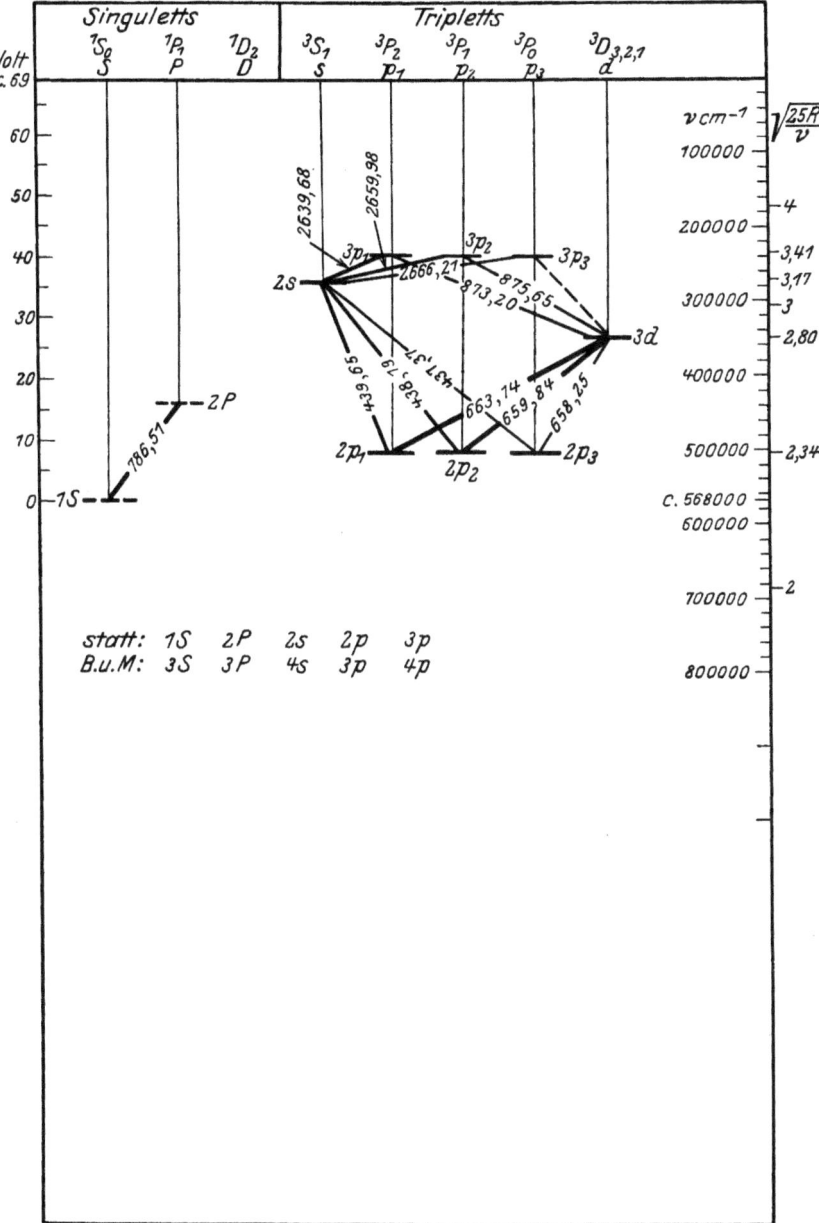

Fig. 57, II, Text S. 86. Niveauschema des Schwefel V. J. S. Bowen u. R. A. Millikan, Phys. Rev. Bd. 25, S. 591, 1925. (Sämtliche Wellenlängen sind λ_{vac}.)

Calcium I.

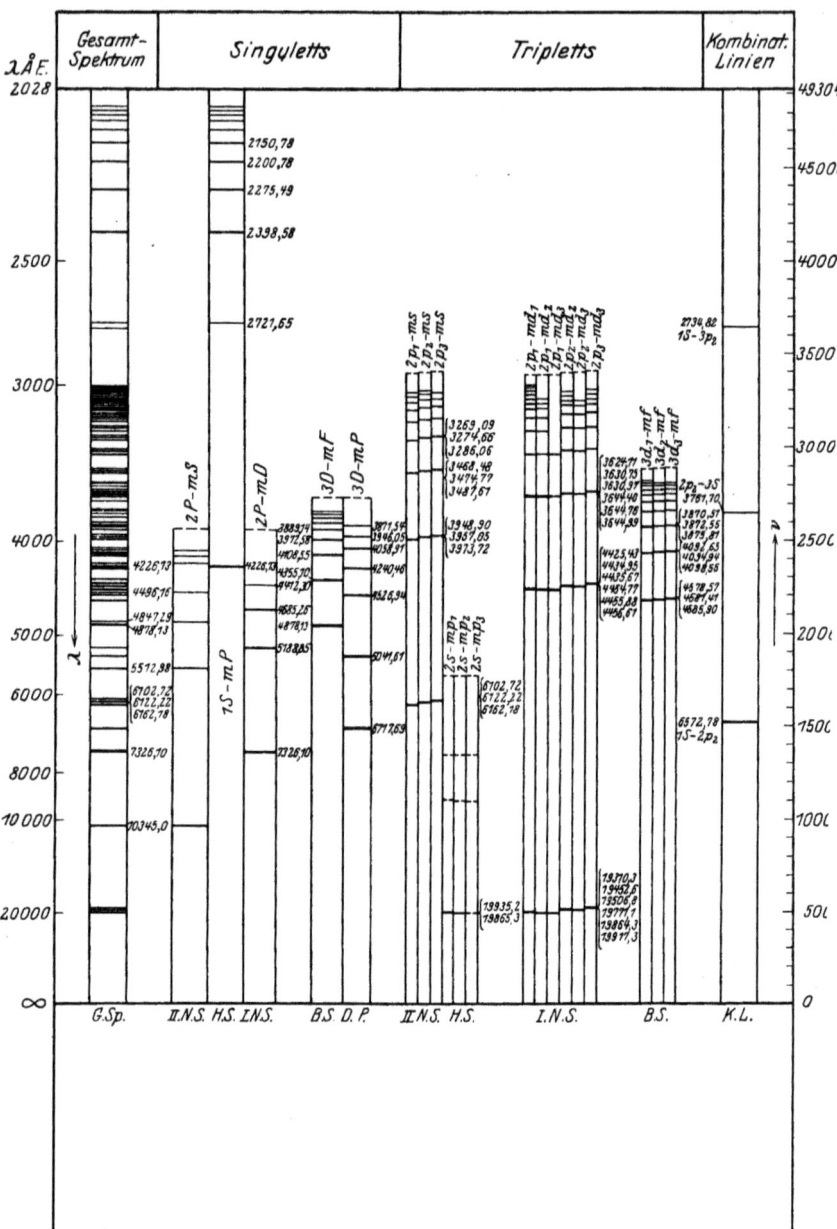

Fig. 58, II, Text S. 78f. Spektrum des Calcium I.

Calcium I.

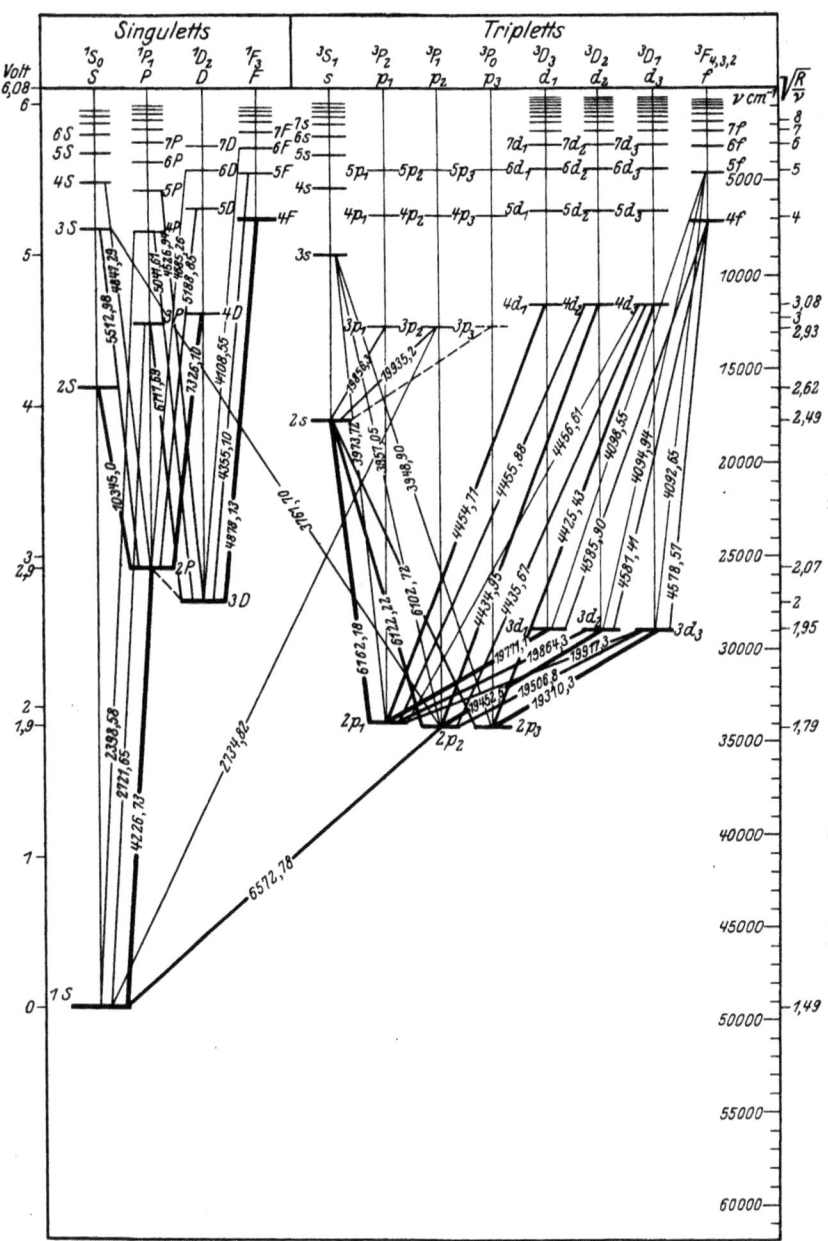

Fig. 59, II, Text S. 79f. Niveauschema des Calcium I.

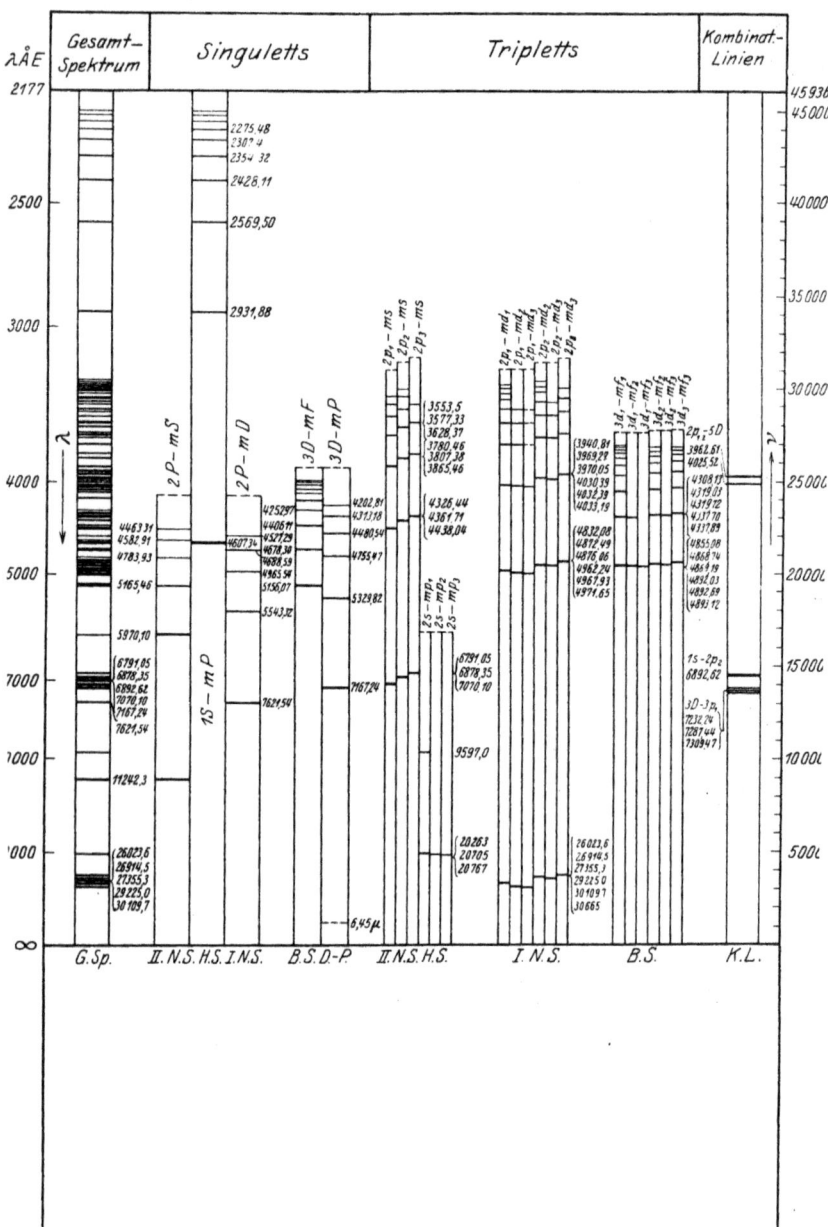

Fig. 60, II, Text S. 83. Spektrum des Strontium I.

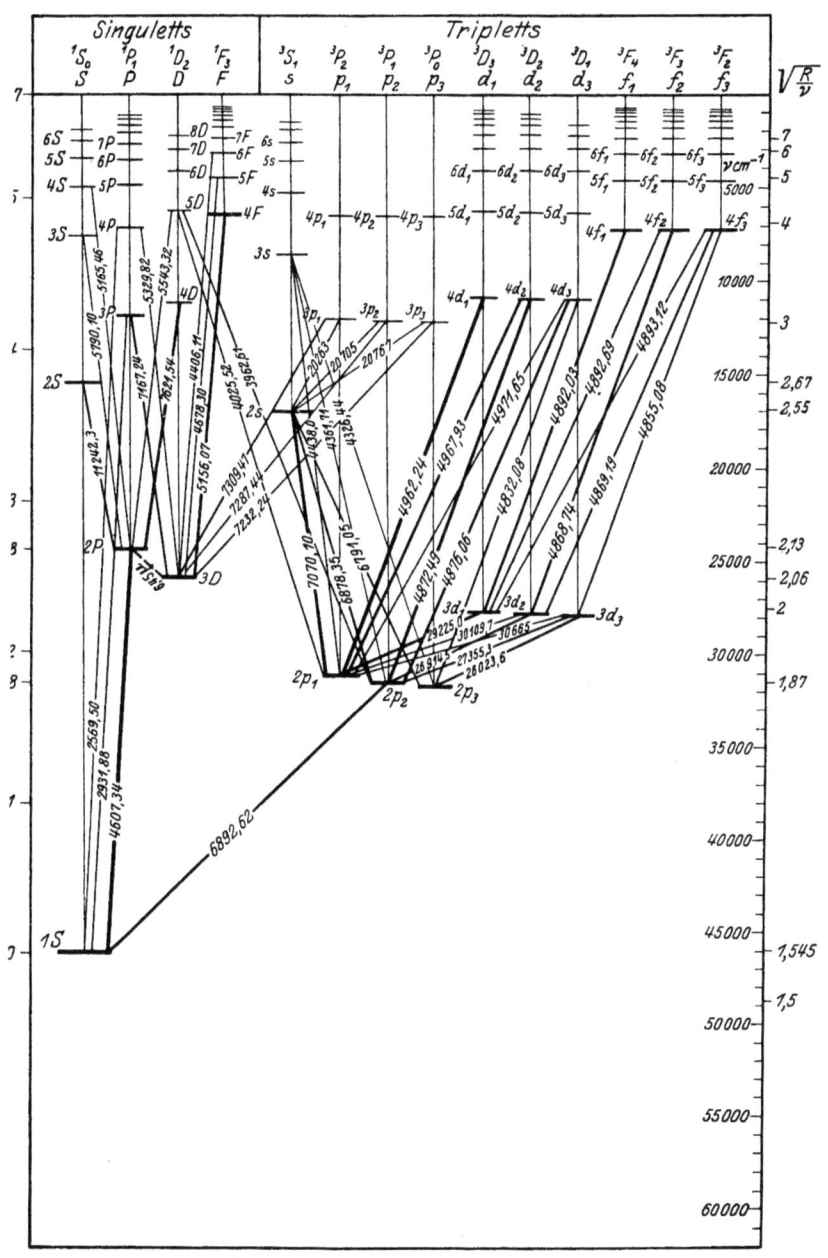

Fig. 61, II, Text S. 84. Niveauschema des Strontium I.

68 Barium I.

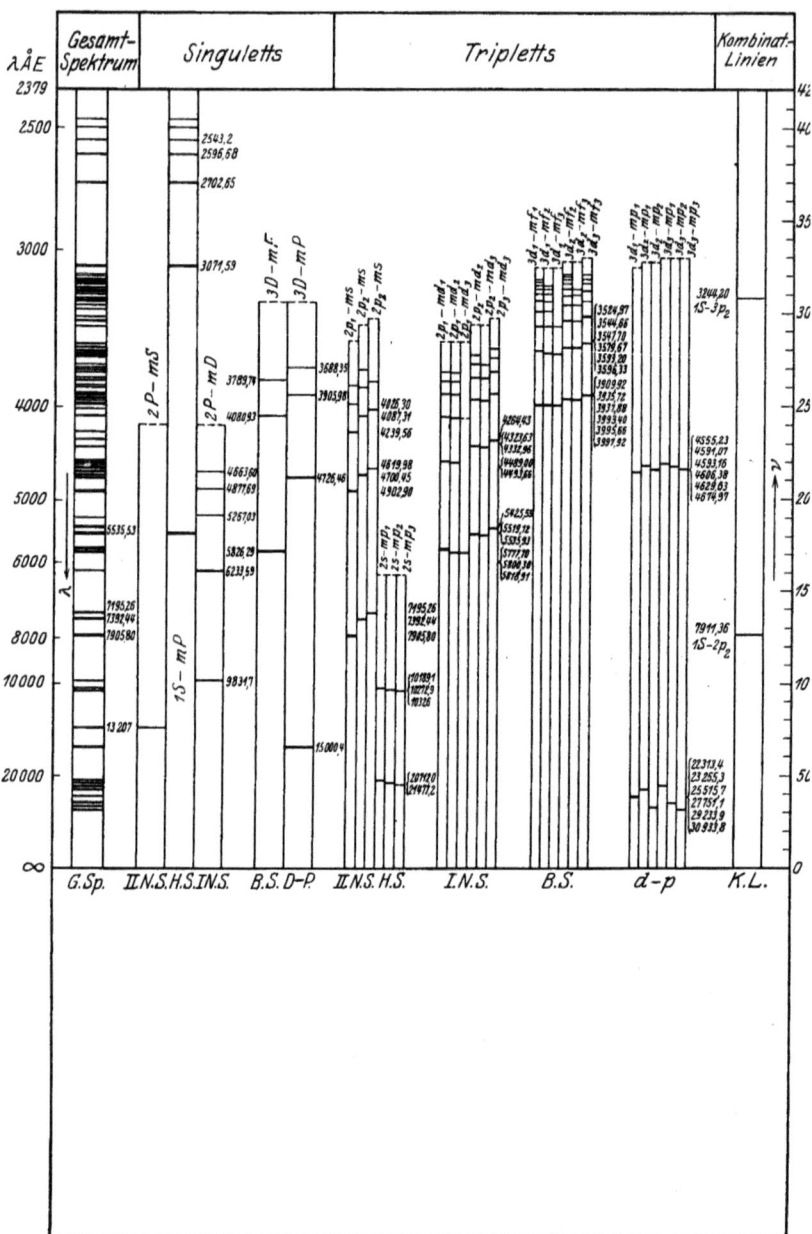

Fig. 62, II. Text S. 84. Spektrum des Barium I.

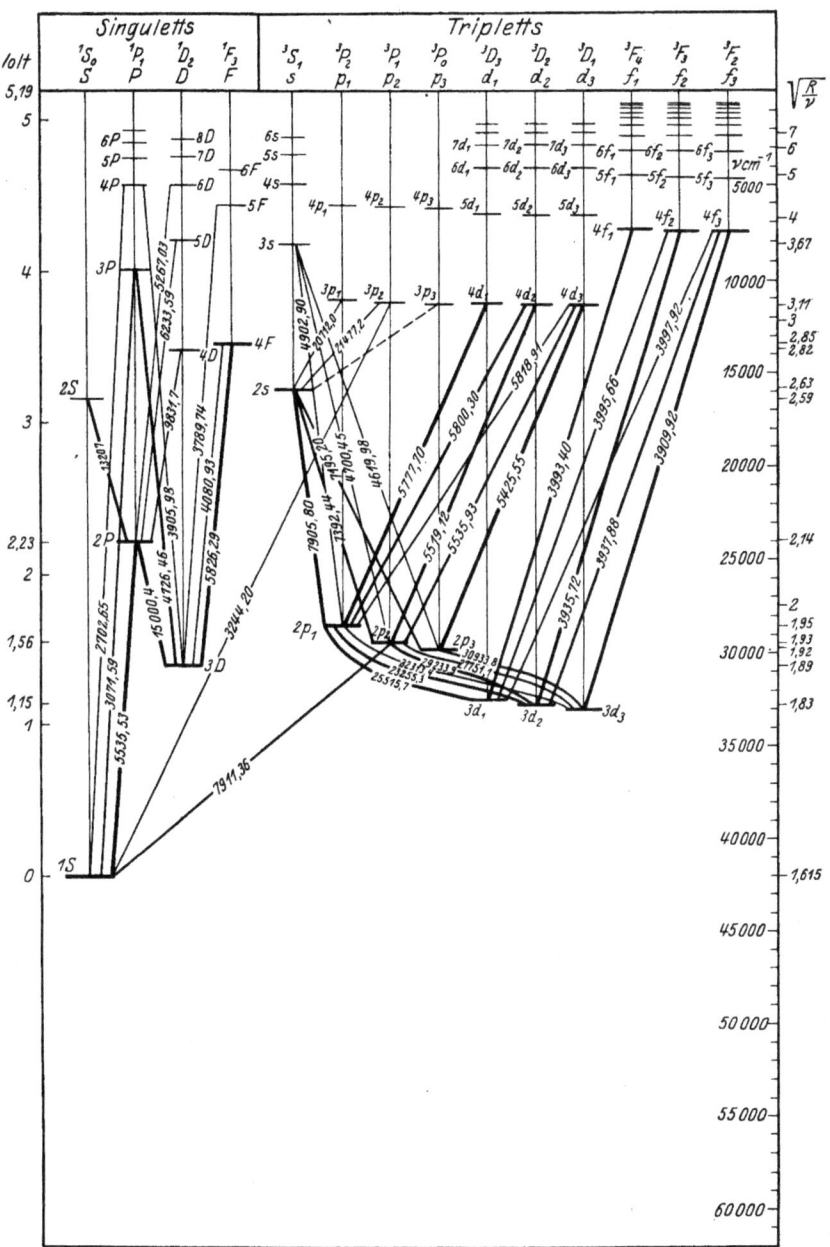

Fig. 63, II, Text S. 84. Niveauschema des Barium I.

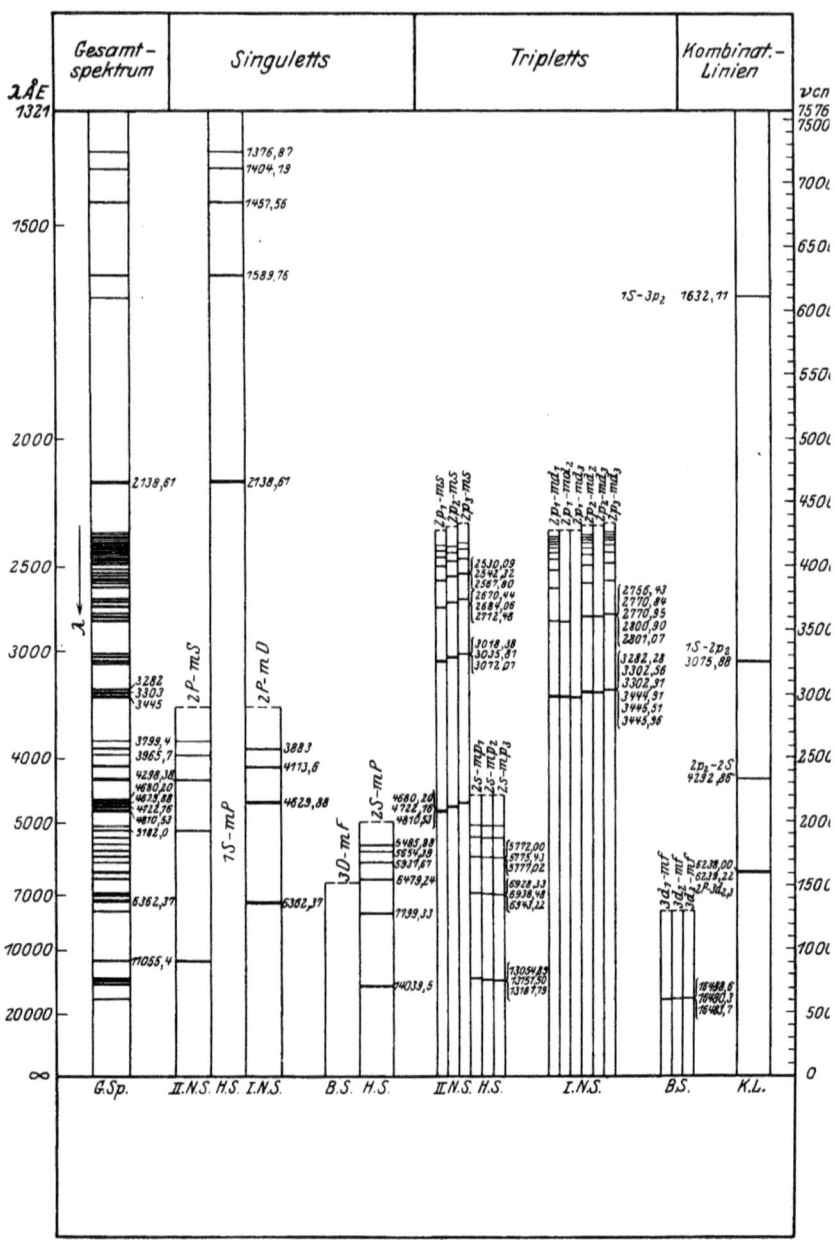

Fig. 64, II, Text S. 89. Spektrum des Zink I.

Zink I.

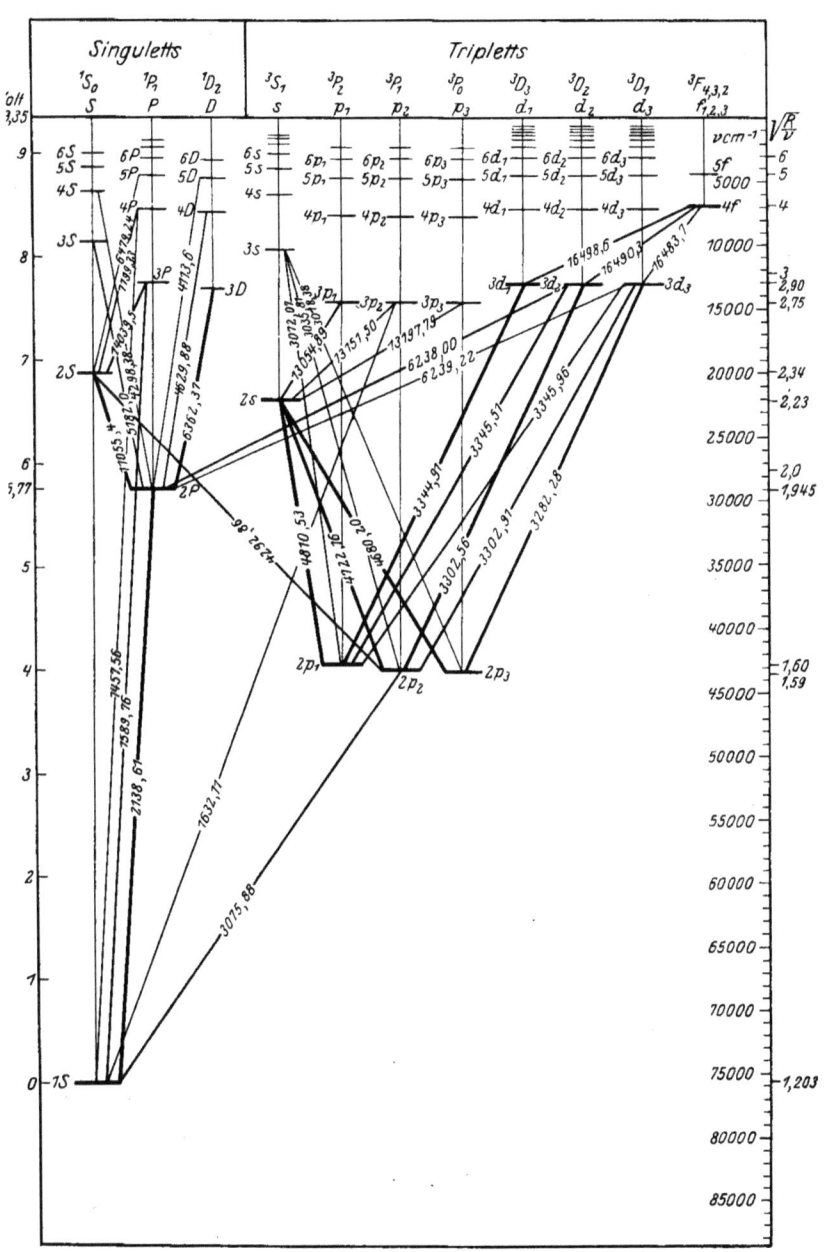

Fig. 65, II. Text S. 89. Niveauschema des Zink I.

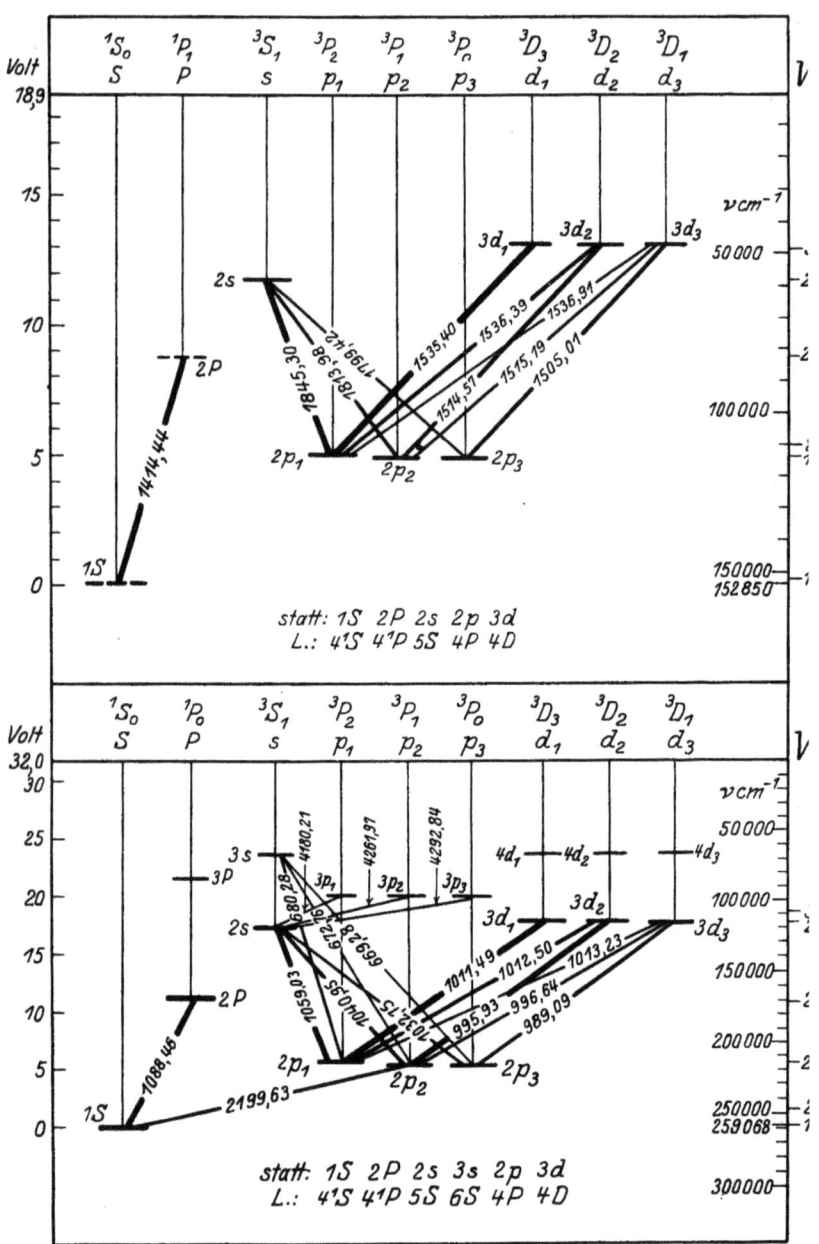

Fig. 66, II, Text S. 89. Oben: Niveauschema des Gallium II. Unten: Niveauschema des Germanium III. R. J. LANG, Phys. Rev. Bd. 30, S. 762. 1927 u. Proc. Nat. Acad. Amer. Bd. 14, S. 32. 1928. (Sämtliche Wellenlängen sind λ_{vac}.)

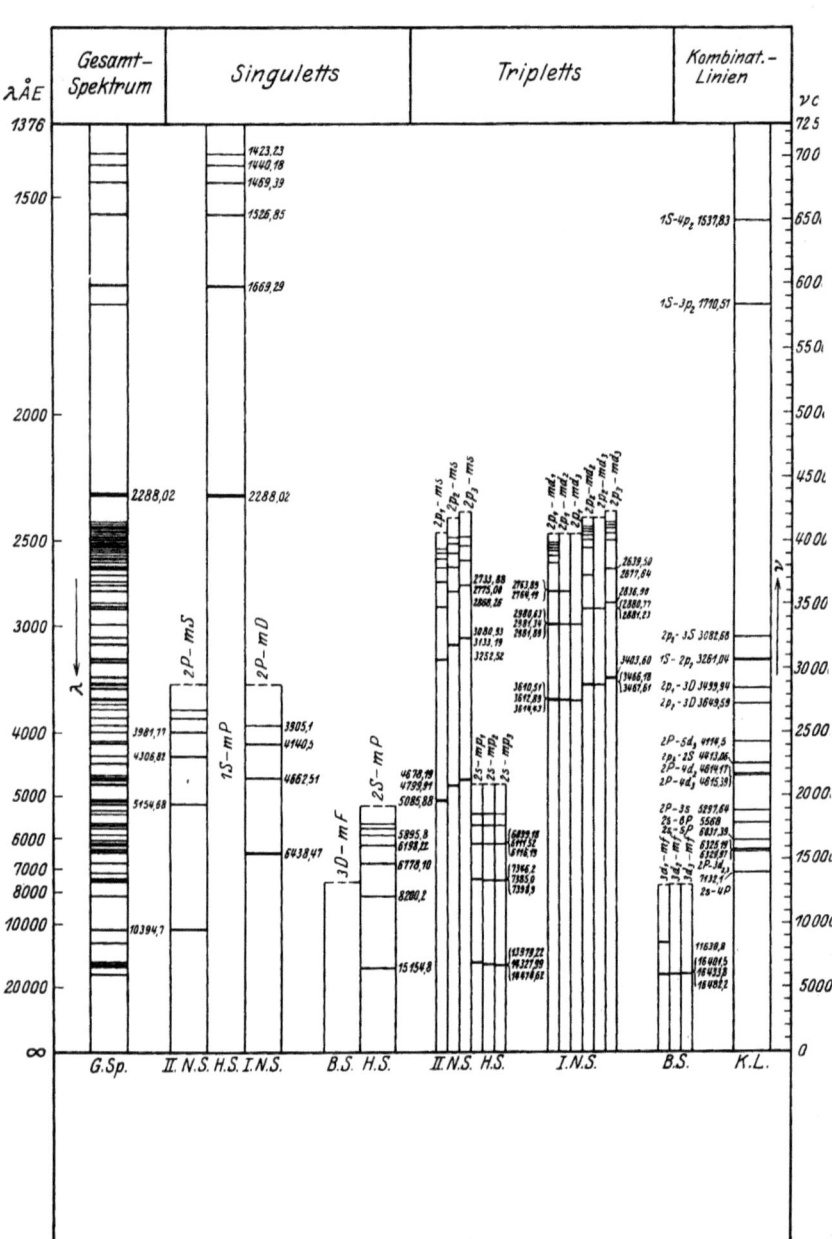

Fig. 67, II, Text S. 89. Spektrum des Cadmium I.

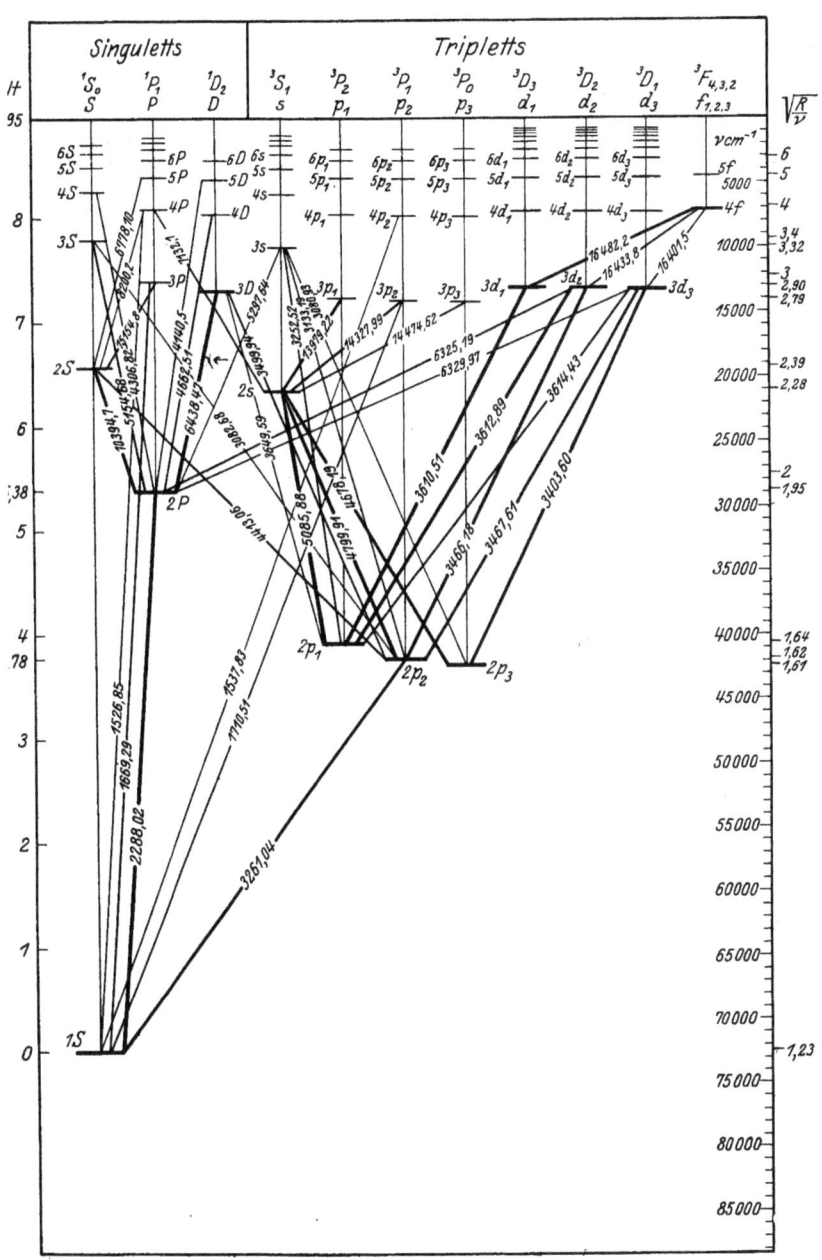

Fig. 68, II, Text S. 89. Niveauschema des Cadmium I.

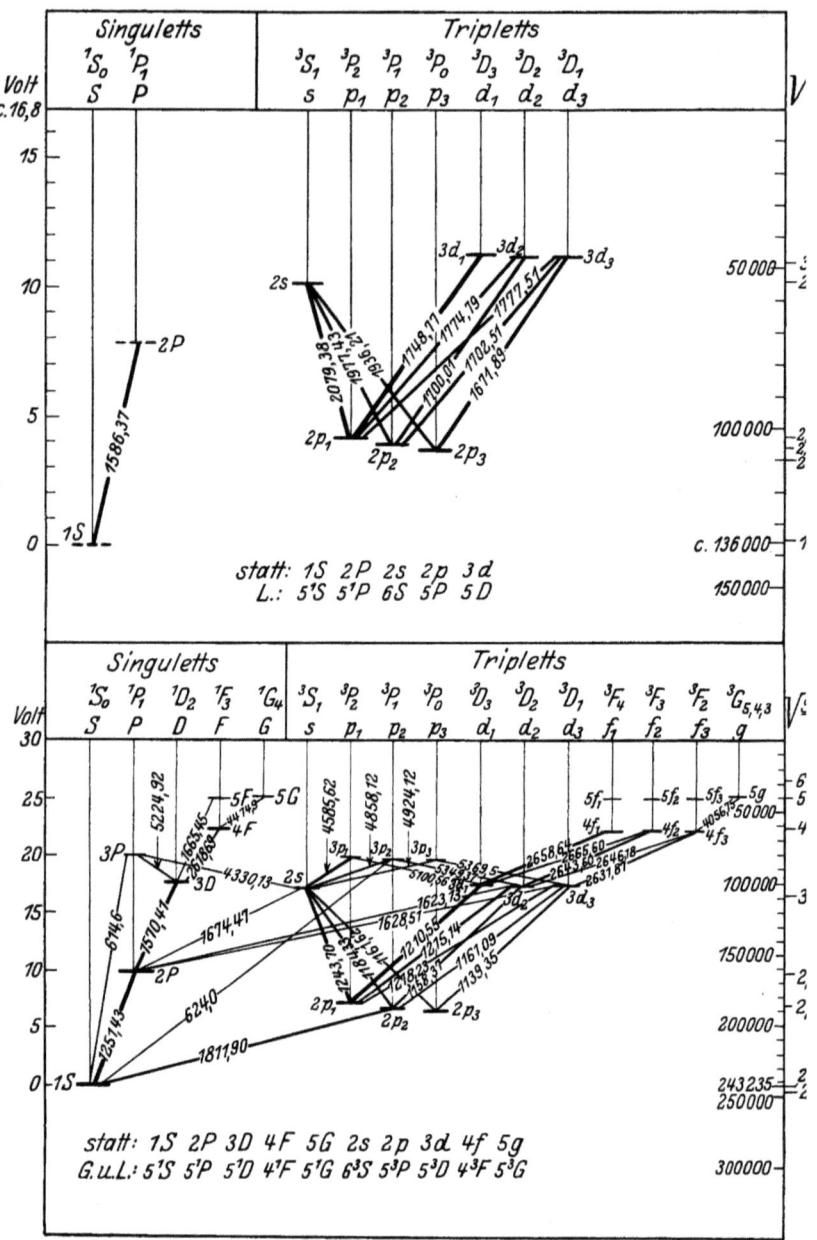

Fig. 69, II, Text S. 89. Oben: Niveauschema des Indium II. Unten: Niveauschema des Zinn III. Für In II: R. J. Lang, Phys. Rev. Bd. 30, S. 762. 1927. Für Sn III: J. B. Green u. L. A. Loring, ebenda Bd. 30, S. 574. 1927. (Für In II sind sämtliche Wellenlängen λ_{vac}.)

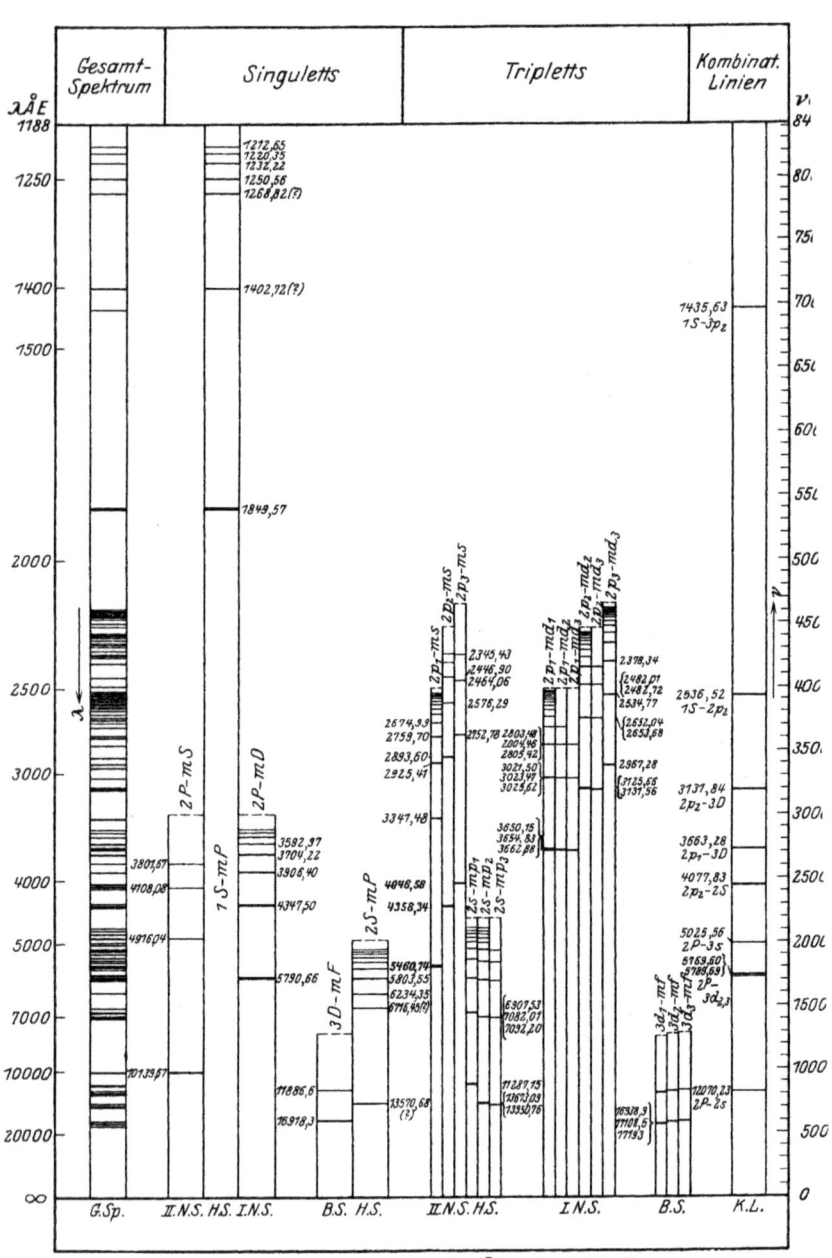

Fig. 70, II, Text S. 89. Spektrum des Quecksilber I.

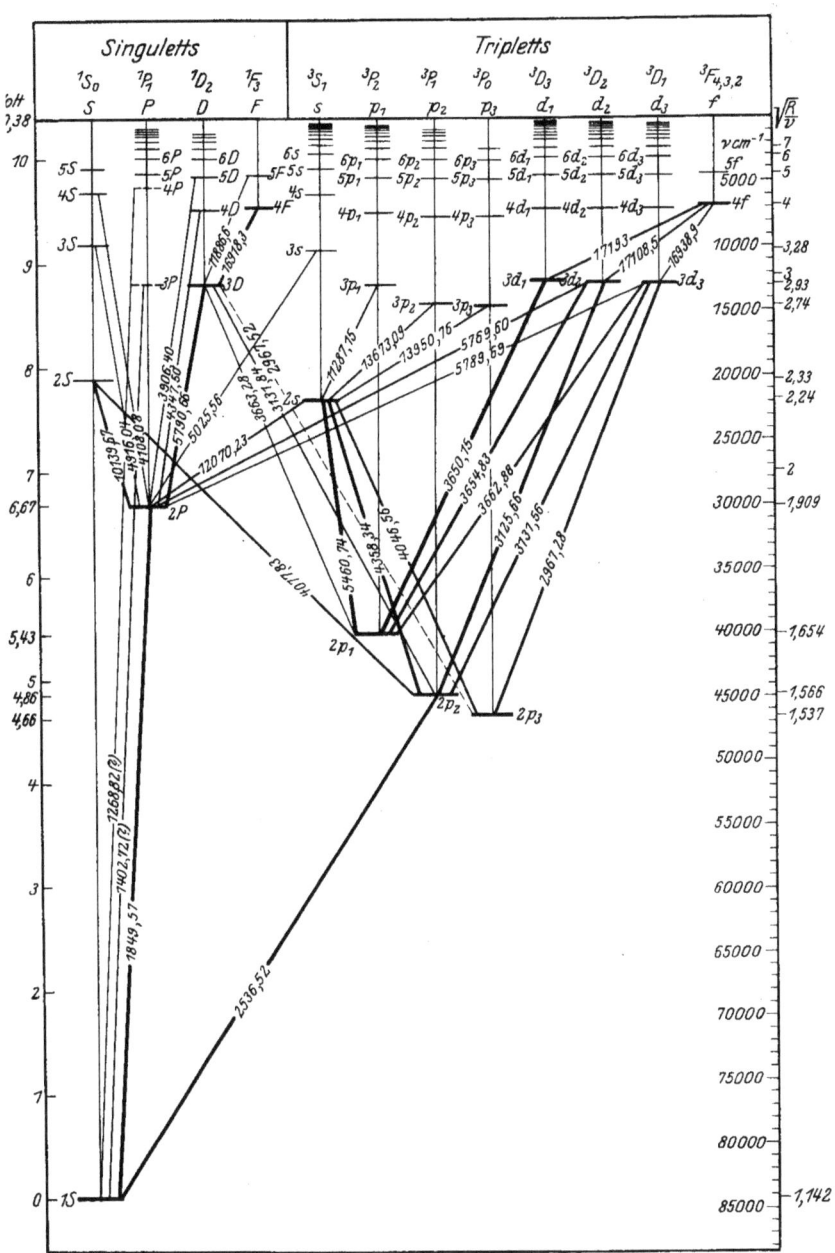

Fig. 71, II, Text S. 89. Niveauschema des Quecksilber I (s. auch Fig. 73, II).

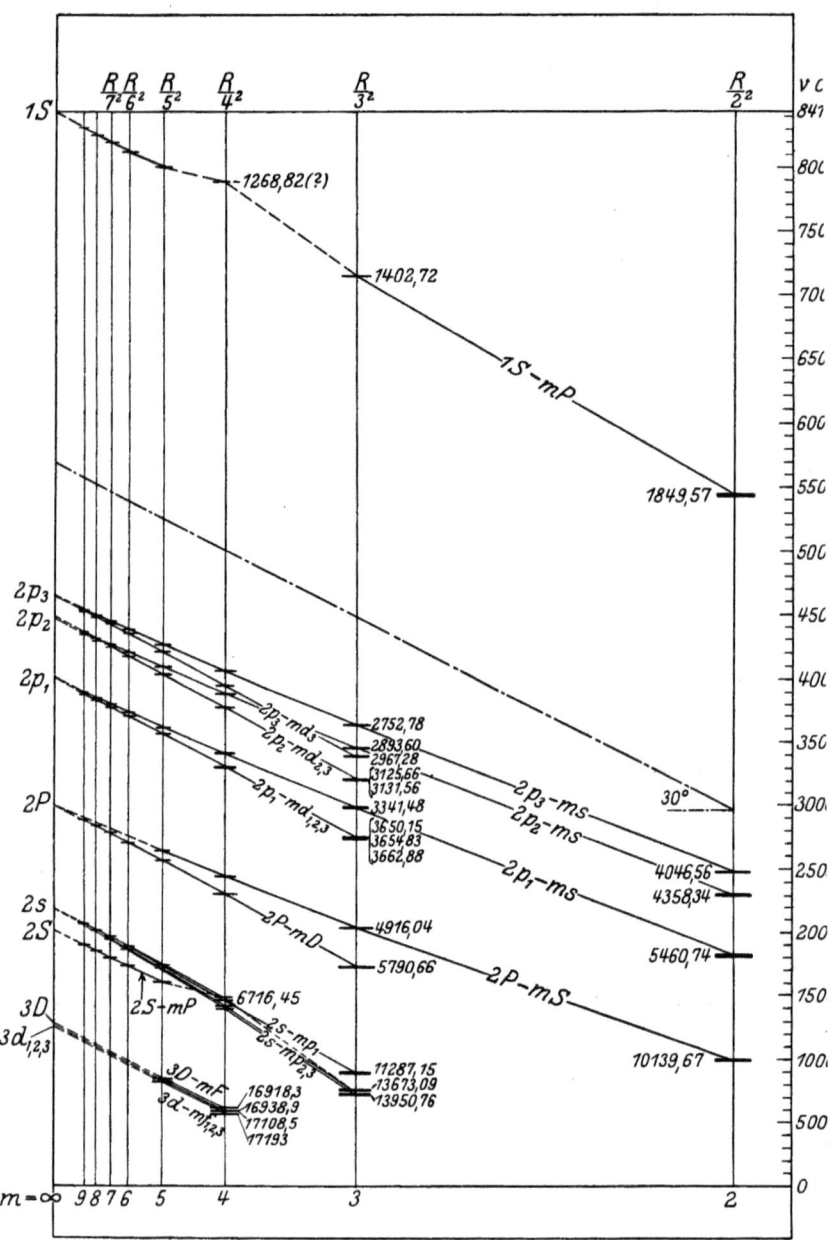

Fig. 72, II, Text S. 89. Darstellung der Serien des Quecksilber-I-Spektrums nach MADELUNG.

Quecksilber I.

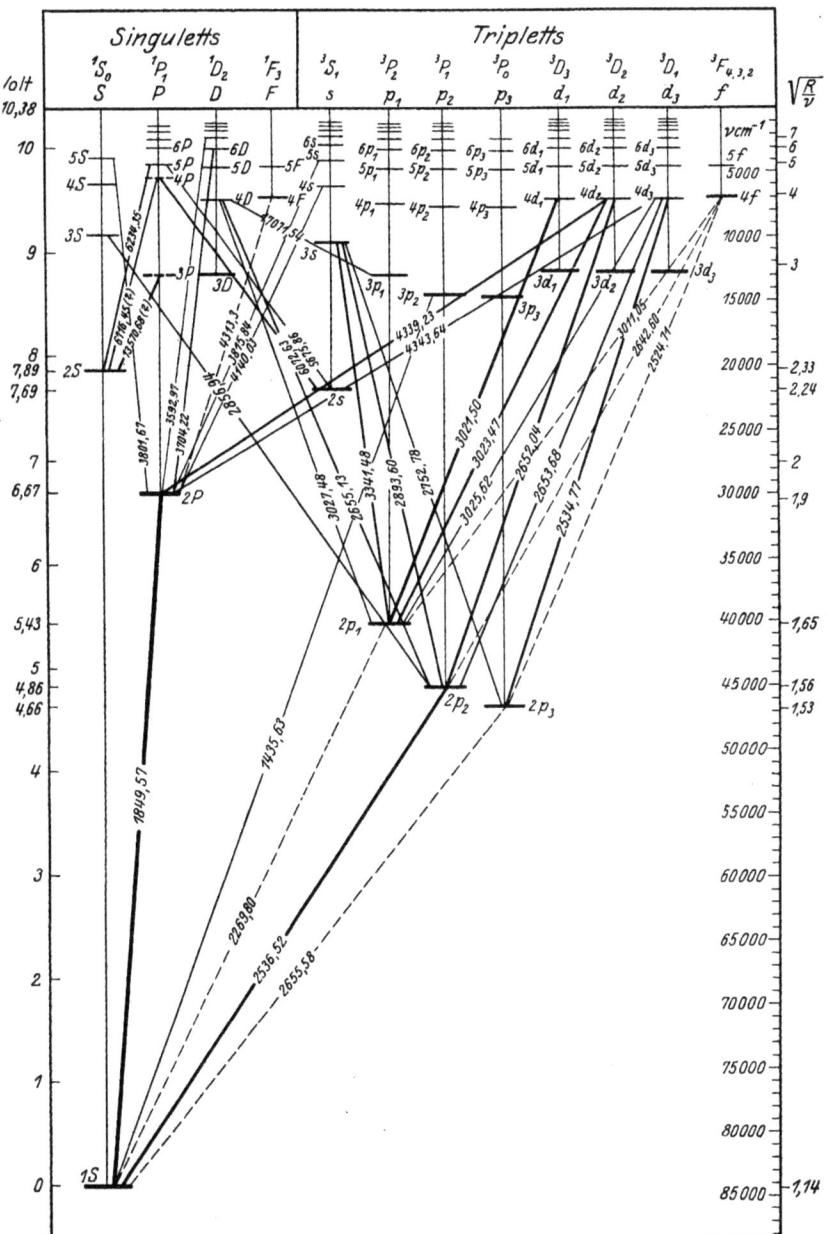

Fig. 73, II, Text S. 90. Niveauschema des Quecksilber I. (Eingetragen sind insbesondere höhere Serienglieder sowie einige „verbotene" Linien; siehe auch Fig. 71, II.)

82 Helium I.

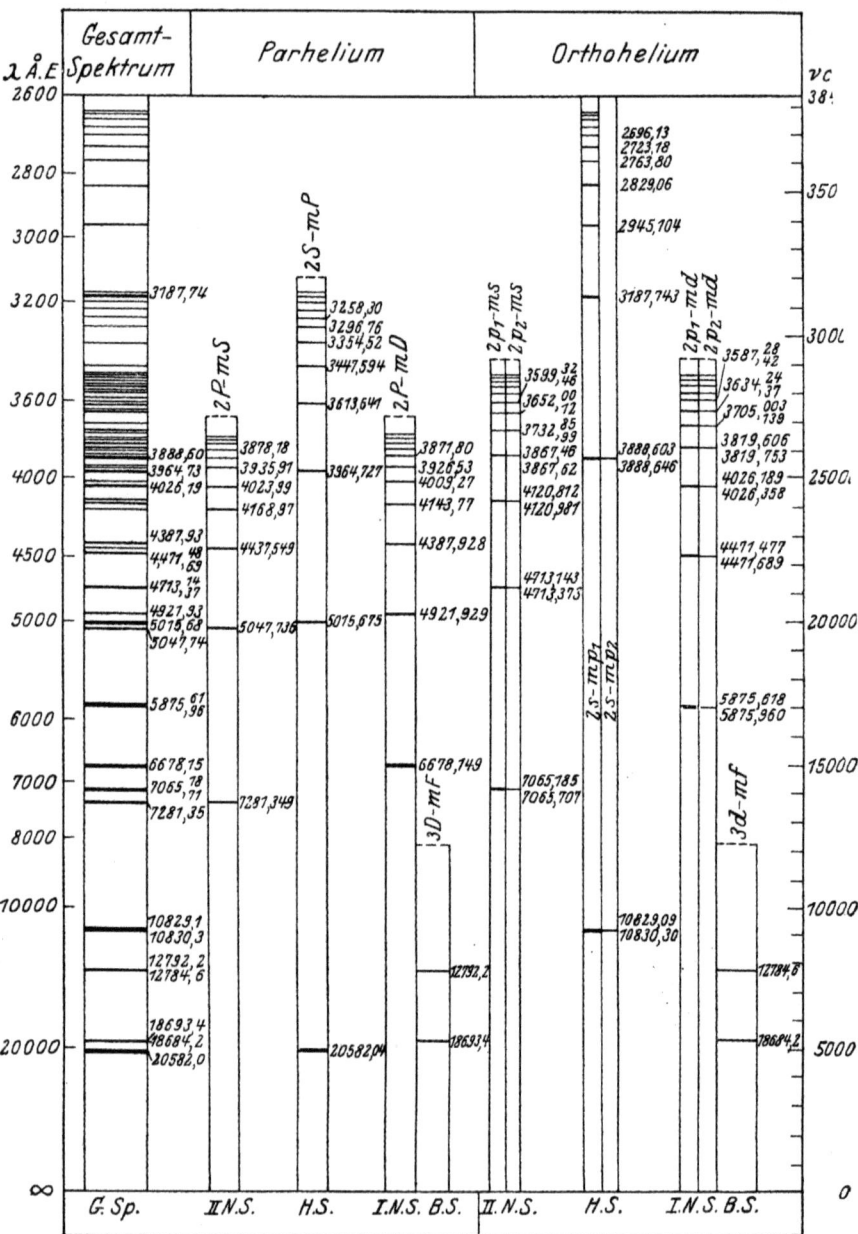

Fig. 74, II, Text S. 108. Spektrum des Helium I von $\lambda = 20582$ bis $\lambda = 2600$ ÅE.

Helium I.

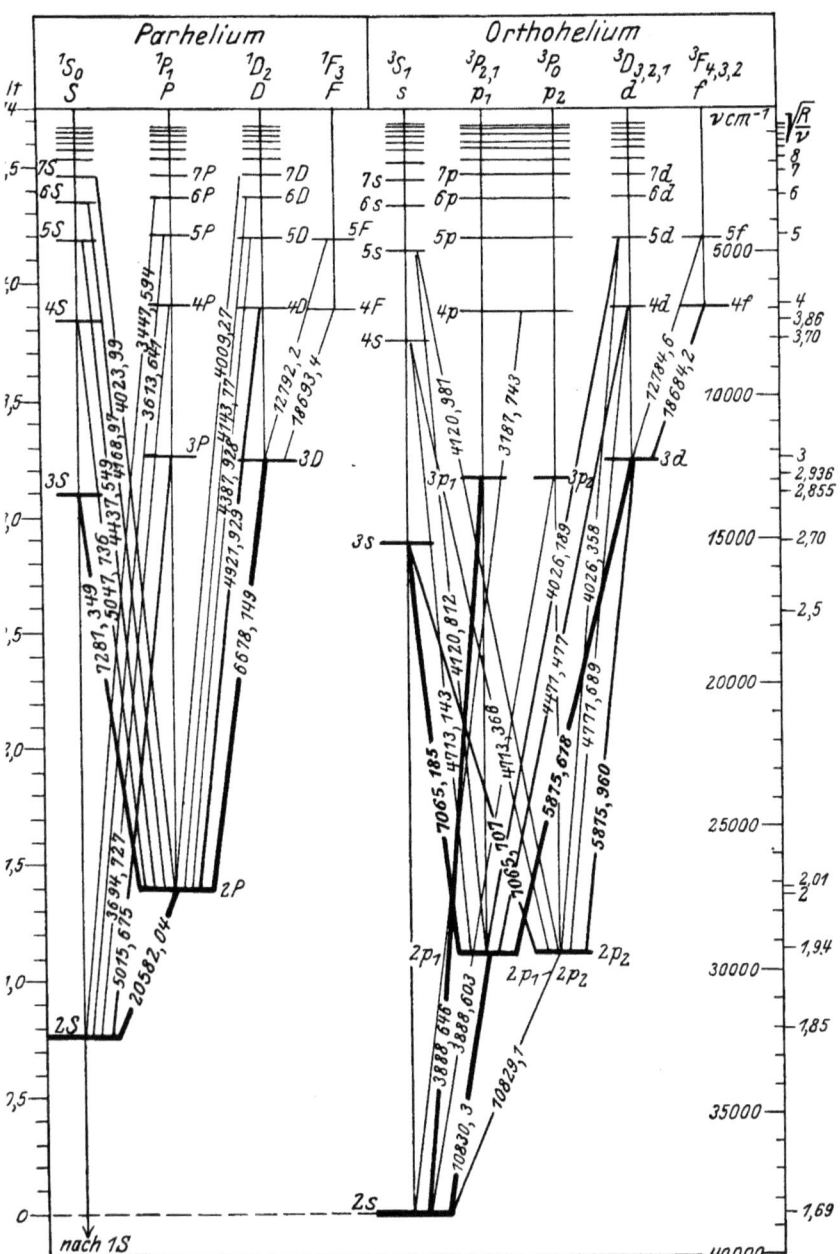

Fig. 75, II, Text S. 110. Niveauschema des Helium I von den zweiquantigen Zuständen an.

84 Helium I.

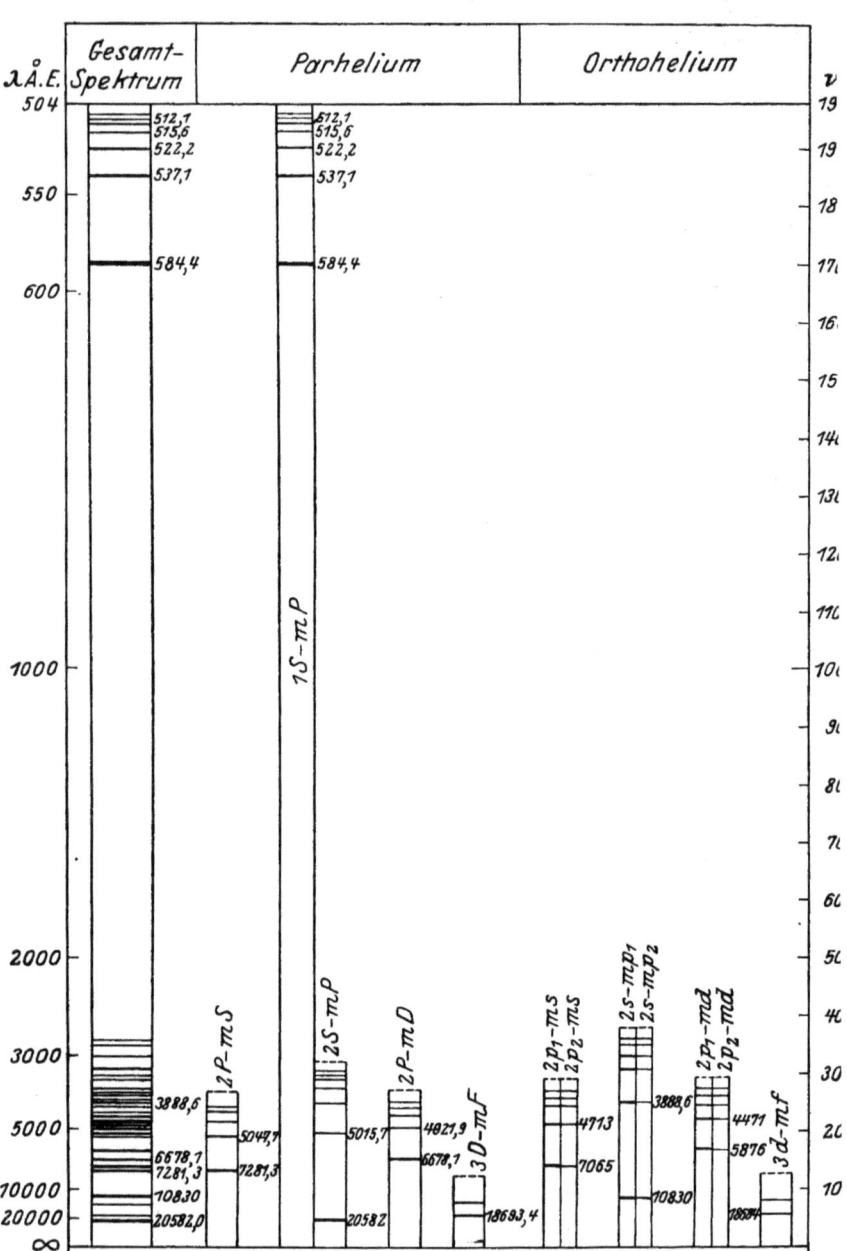

Fig. 76, II, Text S. 116. Spektrum des Helium I. Für den extrem ultravioletten Teil siehe TH. LYMAN, Science Bd. 76, S. 167. 1922; Nature Bd. 110, S. 278. 1922 u. Astrophys. Journ. Bd. 60, S. 1. 1924.

Helium I. 85

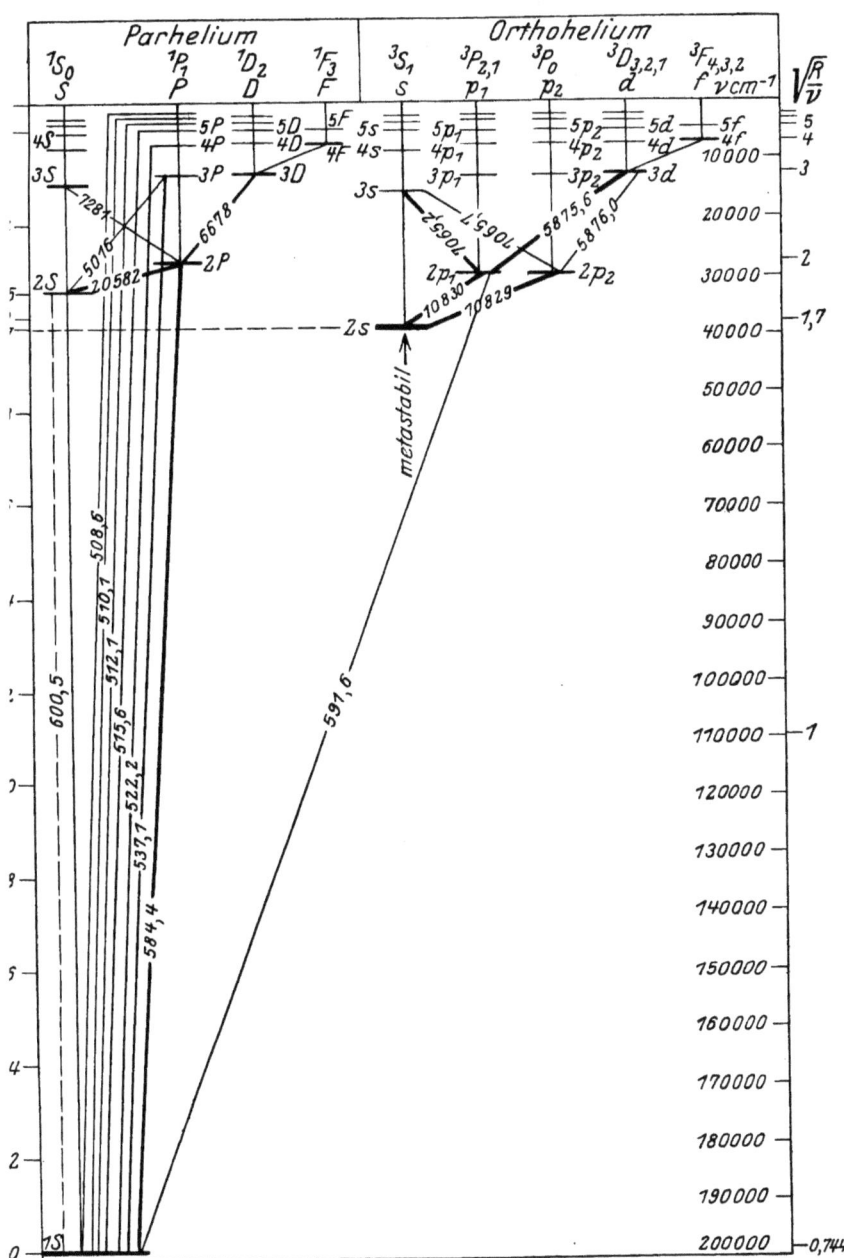

Fig. 77, II, Text S. 116. Niveauschema des Helium I.

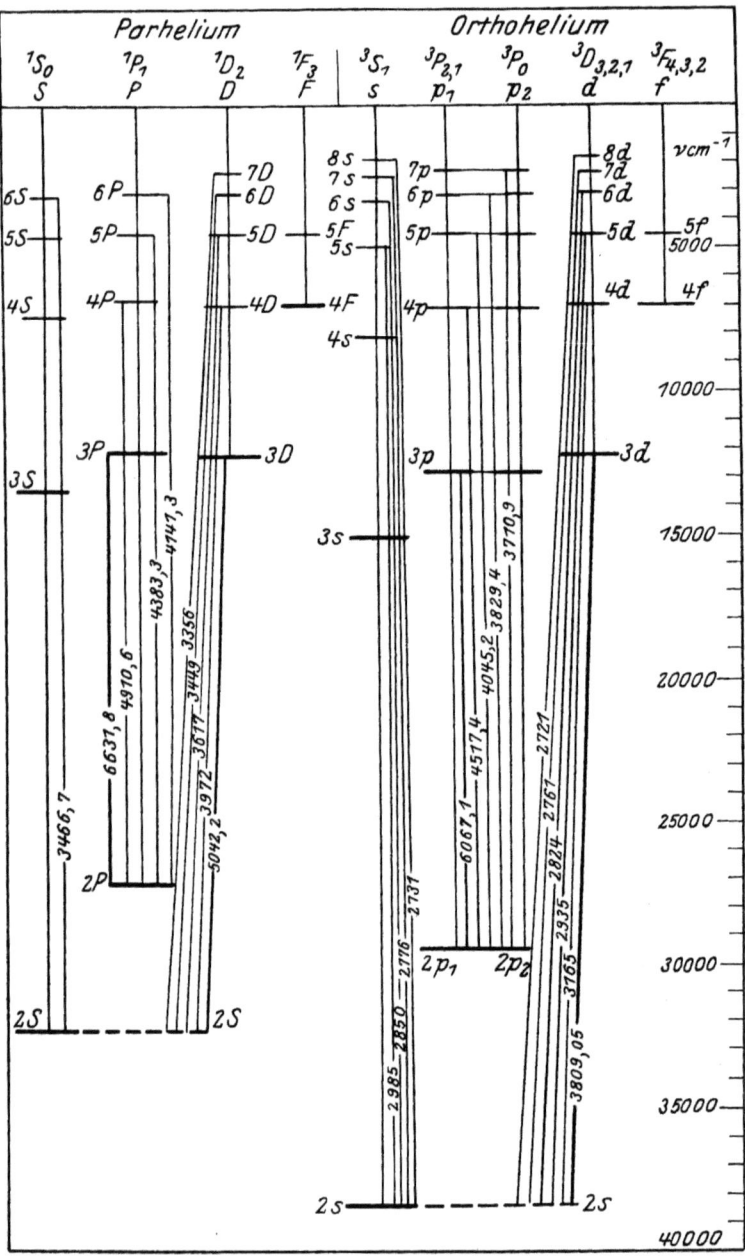

Fig. 78, II, Text S. 118. Niveauschema des Helium I von den zweiquantigen Zuständen an mit Serienlinien, die im elektrischen Felde erscheinen.

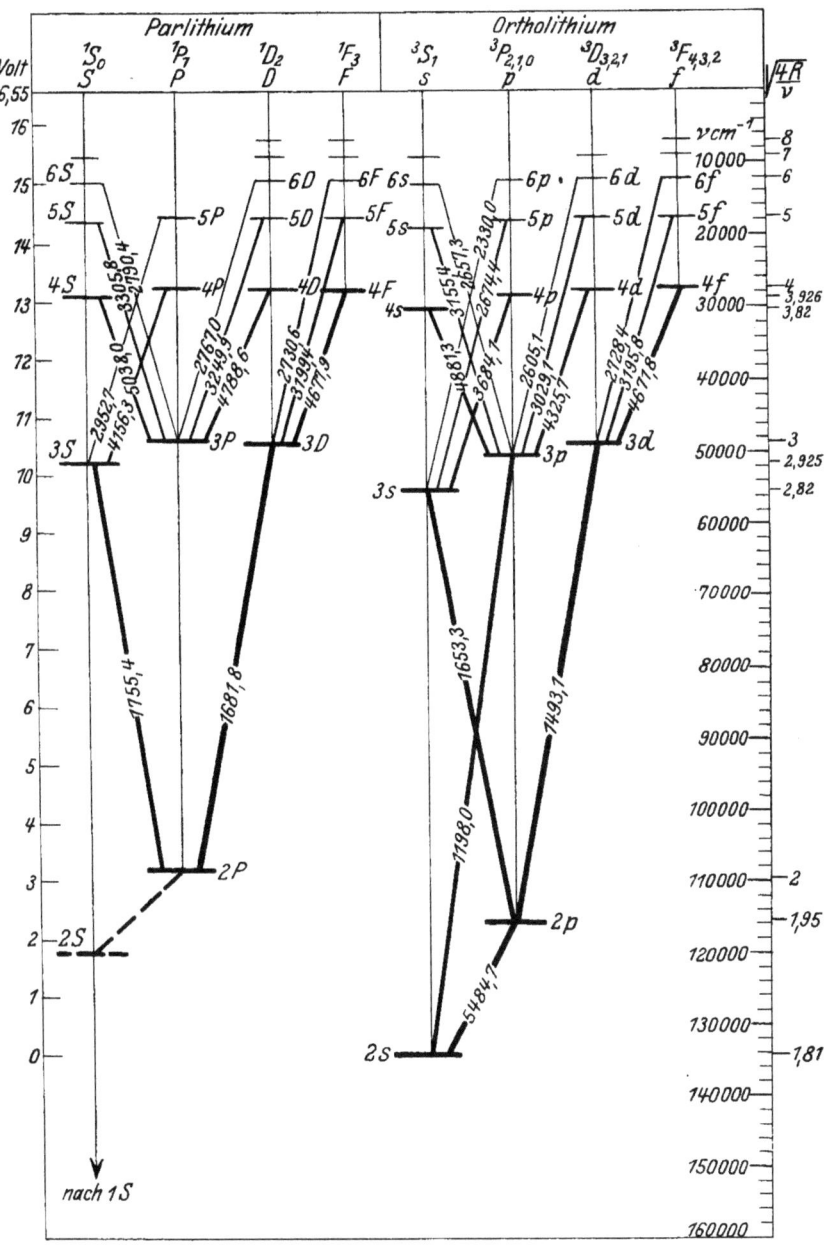

Fig. 79, II, Text S. 119. Niveauschema des Lithium II von den zweiquantigen Zuständen an. H. SCHÜLER, Naturwissensch. Bd. 12, S. 579. 1924; Ann. d. Phys. Bd. 76, S. 292. 1925; ZS. f. Phys. Bd. 37, S. 568. 1926; Bd. 42, S. 487. 1927; S. WERNER, Nature Bd. 115, S. 191. 1924; Bd. 116, S. 574. 1925.

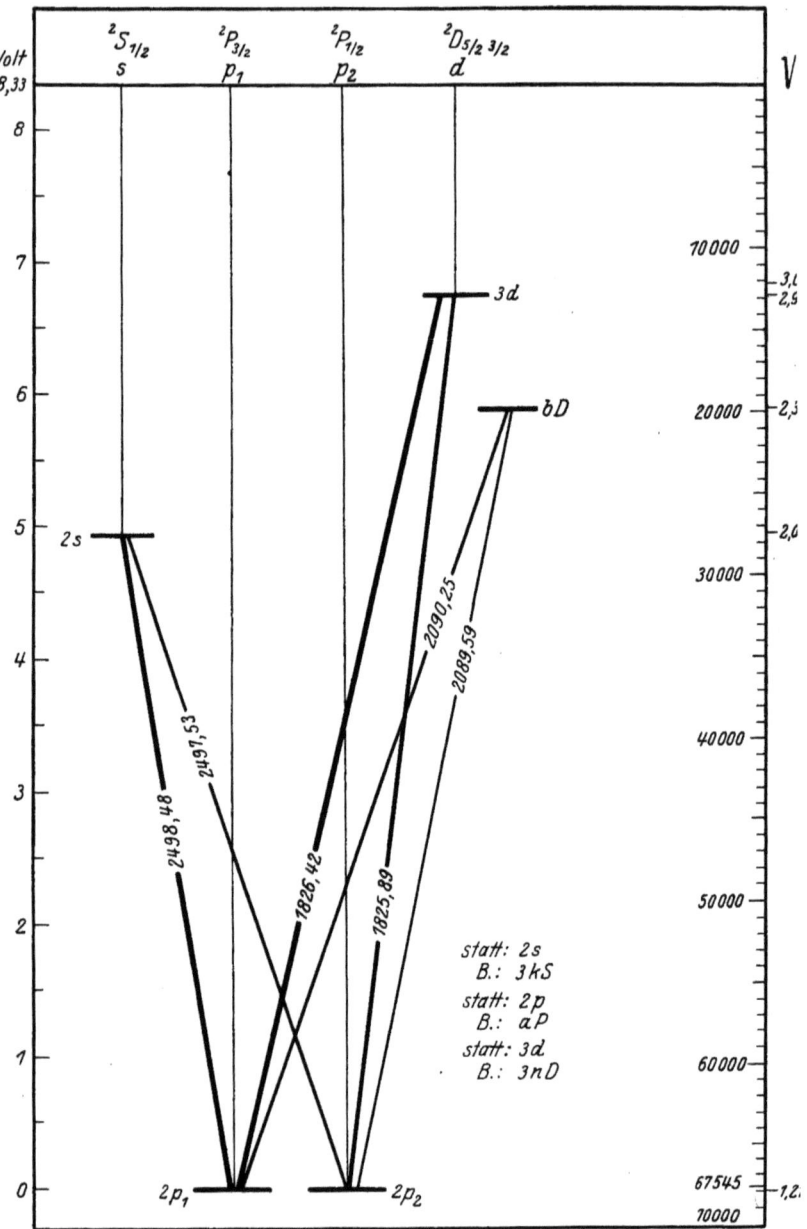

Fig. 80, II, Text S. 122. Niveauschema des Bor I. J. S. Bowen, Phys. Rev. Bd. 29, S. 231. 1927. (Sämtliche Wellenlängen sind λ_{vac}. Der Frequenzmaßstab dieser Figur ist gegenüber dem Maßstab der folgenden Figuren im Verhältnis 5:7 verkleinert.)

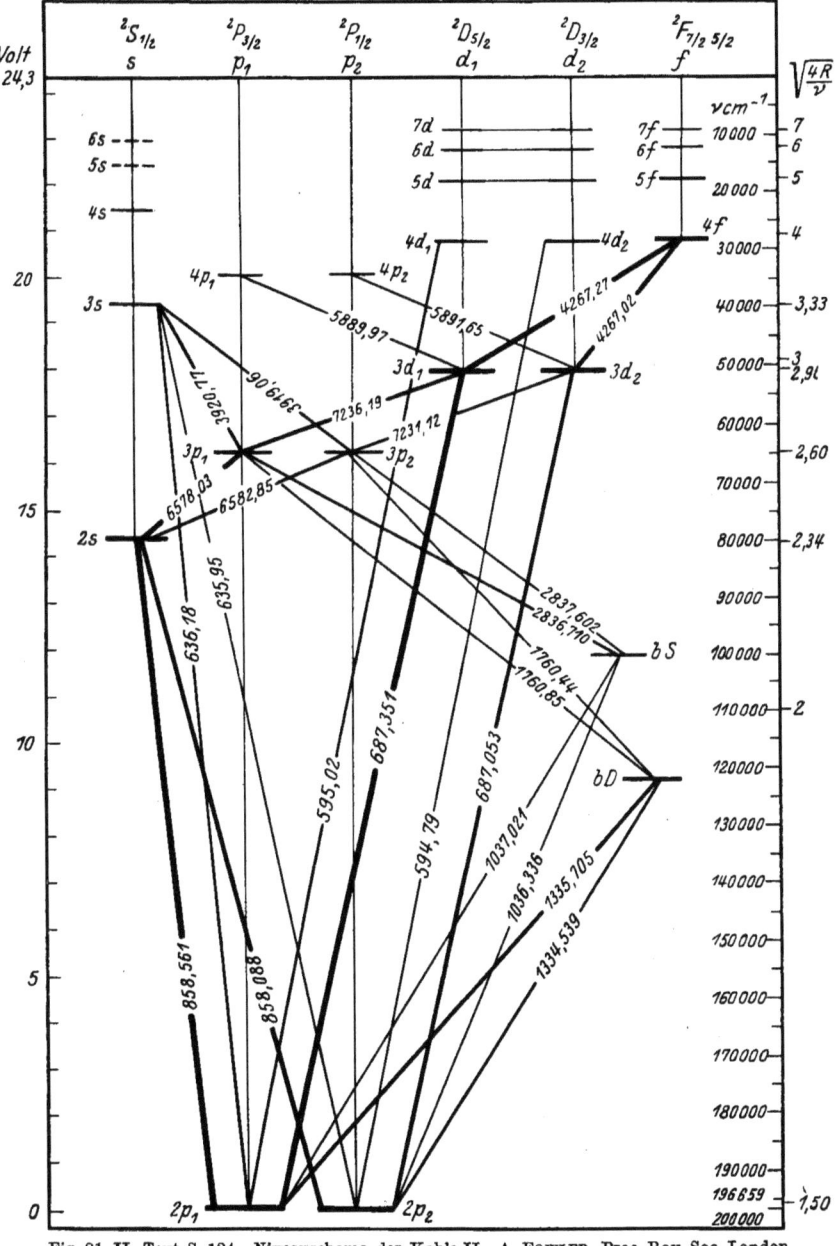

Fig. 81, II, Text S. 124. Niveauschema der Kohle II. A. FOWLER, Proc. Roy. Soc. London Bd. 105, S. 299. 1924; J. S. BOWEN, Phys. Rev. Bd. 29, S. 231. 1927.

statt: 2s   3s   4s   2p   3p   4p   3d   4d   5d   4f   5f   6f bS
F.: 3σ 4σ 5σ 2π 3π 4π 3δ 4δ 5δ 4φ 5φ 6φ X
B.: $3ks$ aP $3mP$ $4mP$ $3nD$ $4nD$ bs

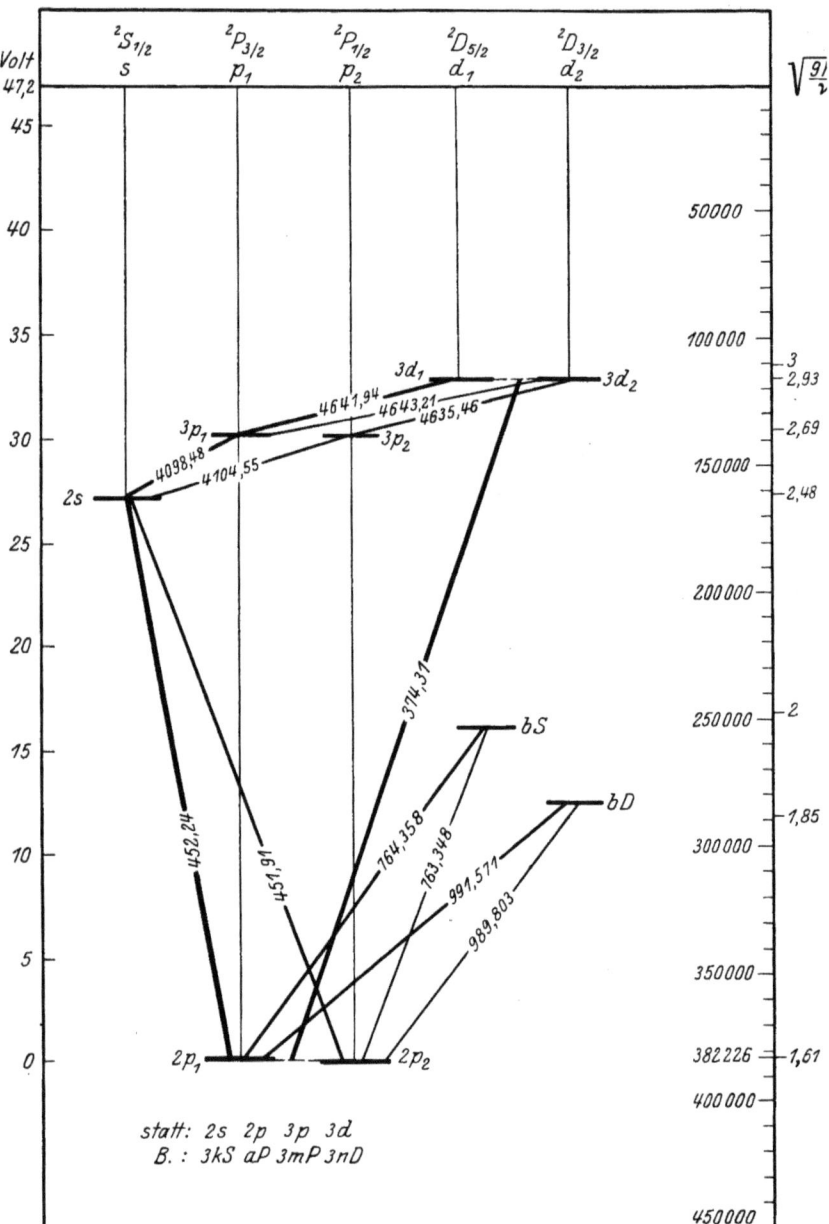

Fig. 82, II, Text S. 124. Niveauschema des Stickstoff III. J. S. BOWEN, Phys. Rev. Bd. 29. S. 231. 1927. (Sämtliche Wellenlängen sind λ_{vac}.)

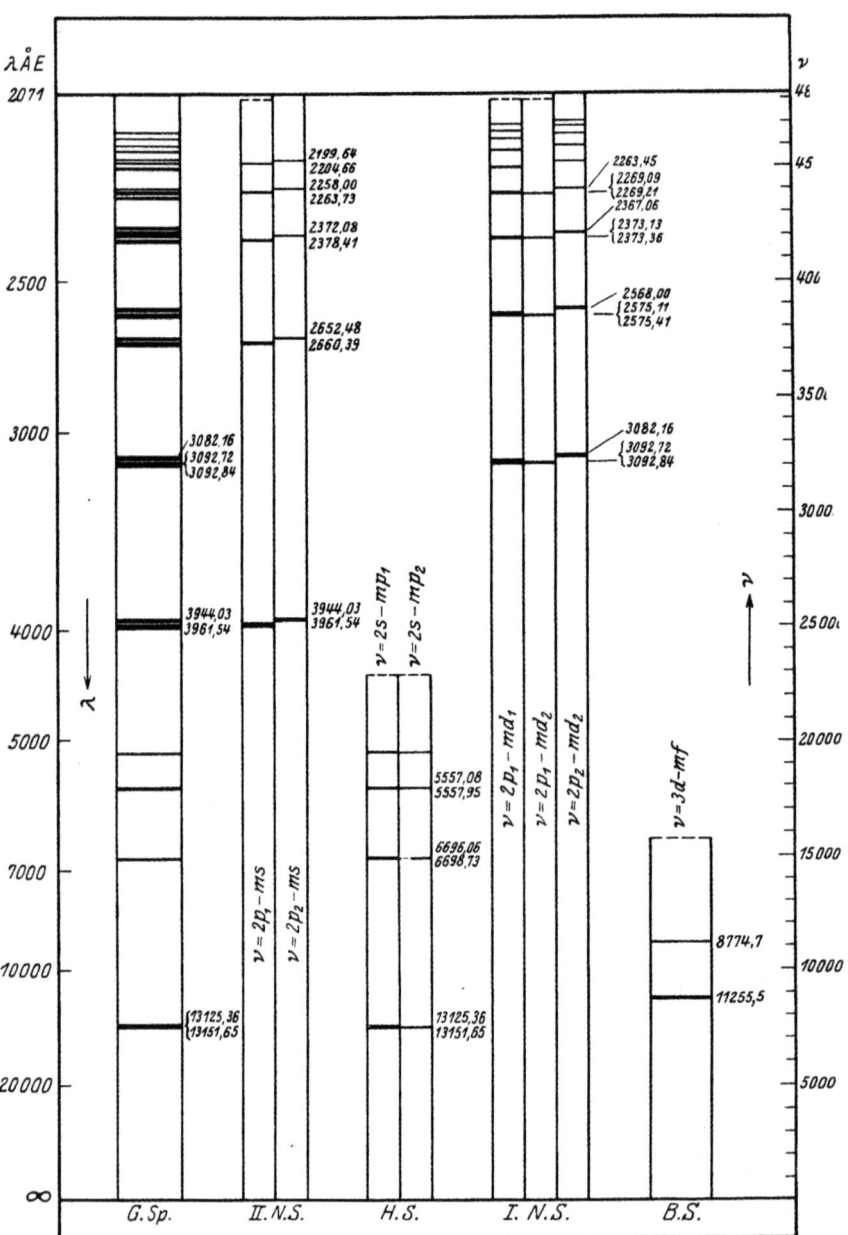

Fig. 83, II, Text S. 122. Spektrum des Aluminium I.

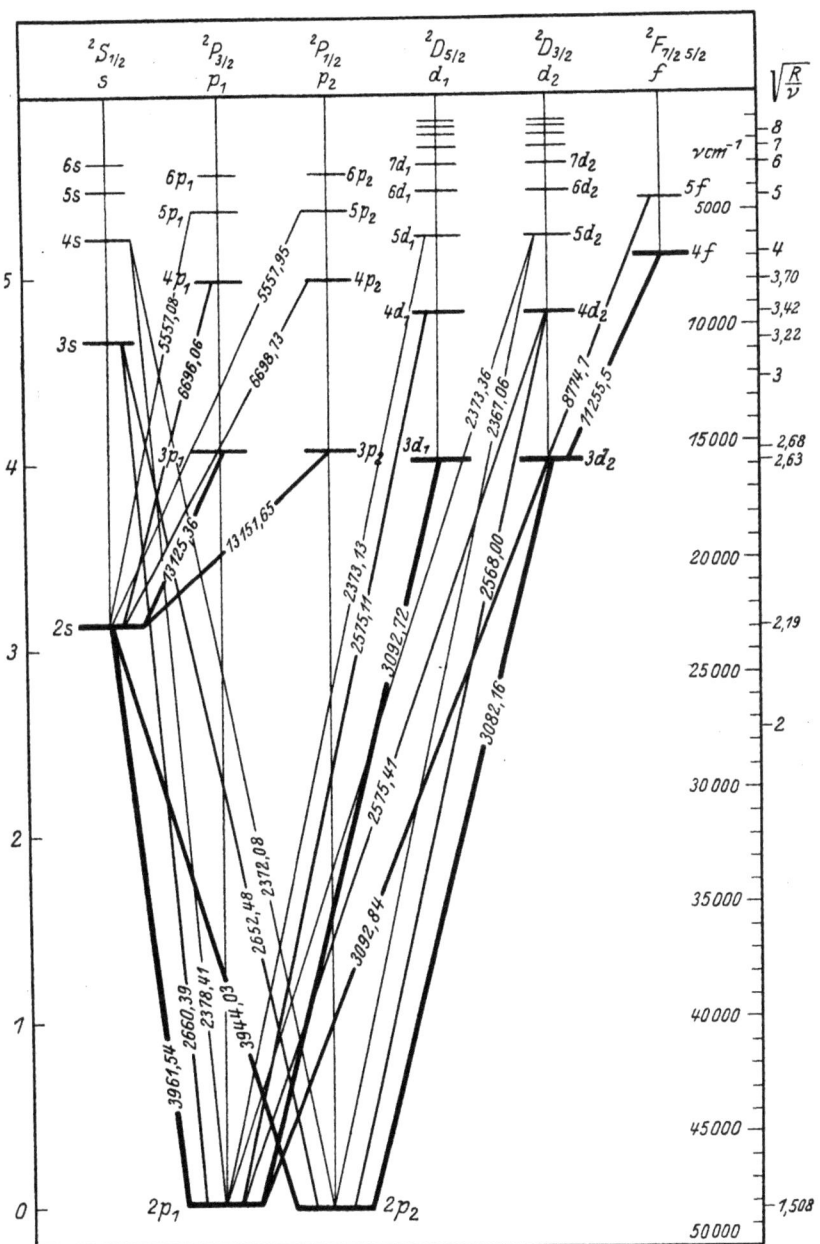

Fig. 84, II, Text S. 123. Niveauschema des Aluminium I.

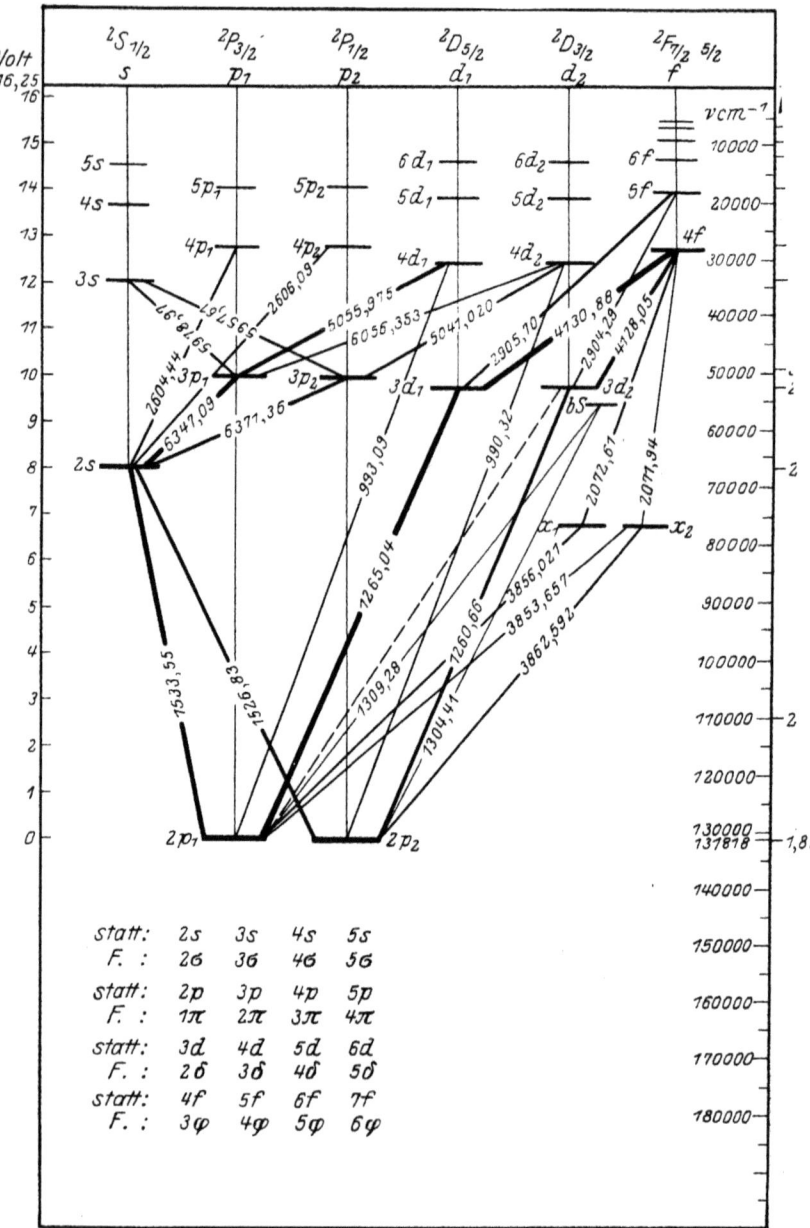

Fig. 85, II, Text S. 124. Niveauschema des Silicium II. A. FOWLER, Phil. Trans. Bd. 225, S. 1. A 626. 1925; J. S. BOWEN, Phys. Rev. Bd. 31, S. 34. 1928.

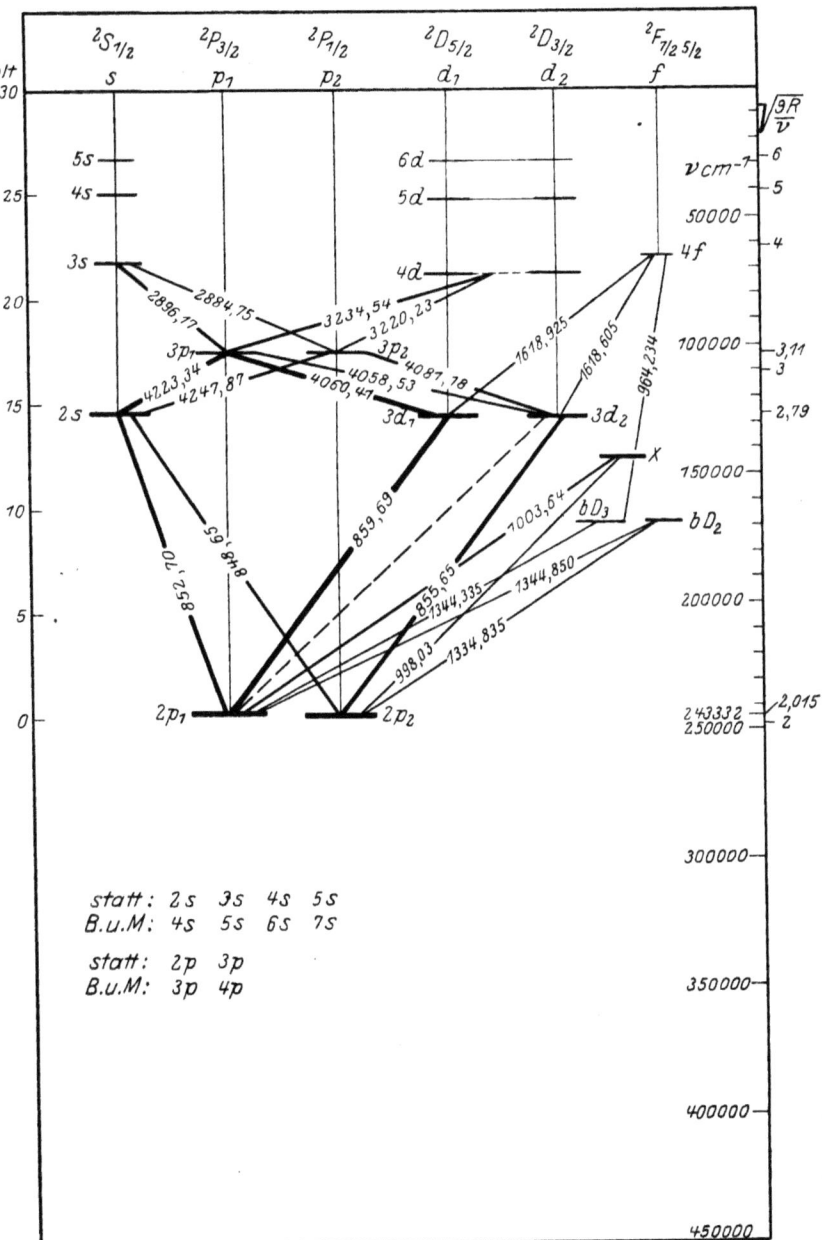

Fig. 86, II, Text S. 124. Niveauschema des Phosphor III. J. S. BOWEN u. R. A. MILLIKAN, Phys. Rev. Bd. 25, S. 600. 1925; J. S. BOWEN, ebenda Bd. 31, S. 34. 1928; M. O. SALTMARSH, Proc. Roy. Soc. London Bd. 108, S. 332. 1925. (Sämtliche Wellenlängen sind λ_{vac}.)

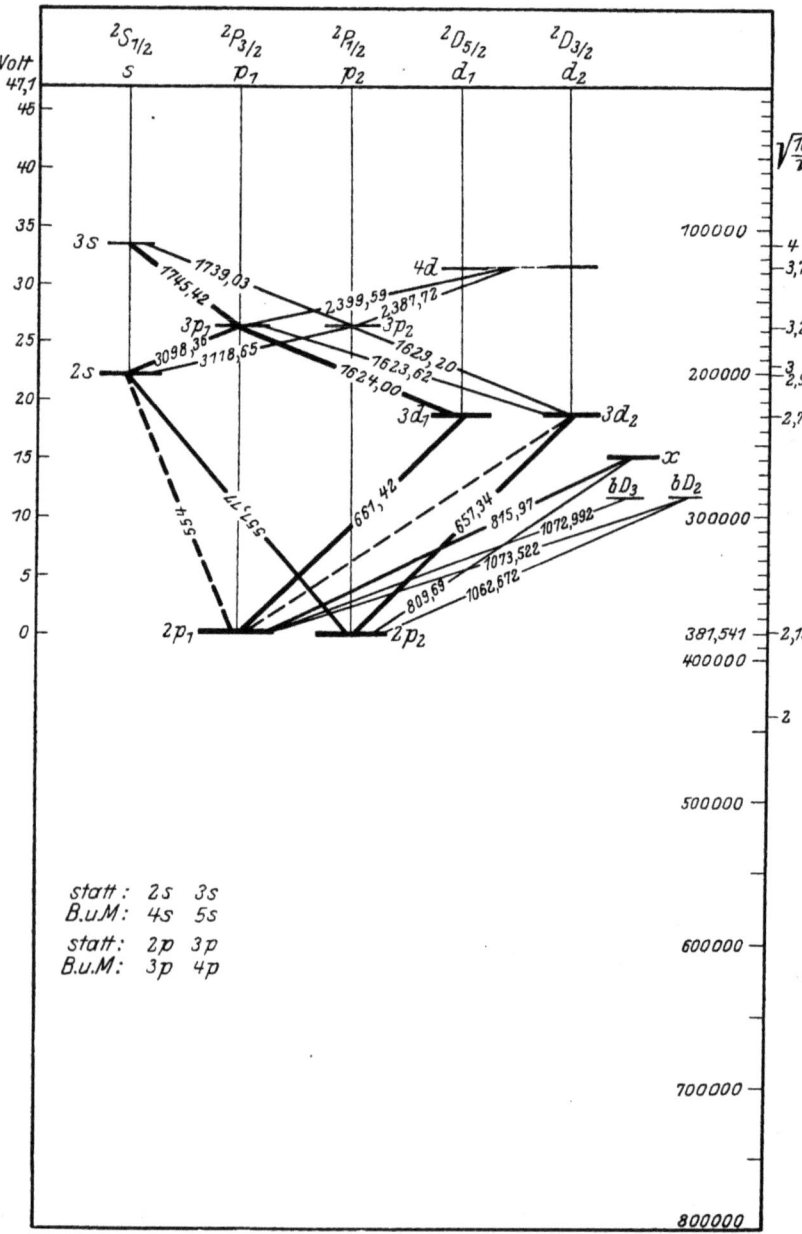

Fig. 87, II, Text S. 124. Niveauschema des Schwefel IV. J. S. BOWEN u. R. A. MILLIKAN, Phys. Rev. Bd. 25, S. 600. 1925; J. S. BOWEN, ebenda Bd. 31, S. 34. 1928. (Sämtliche Wellenlängen sind λ_{vac}.)

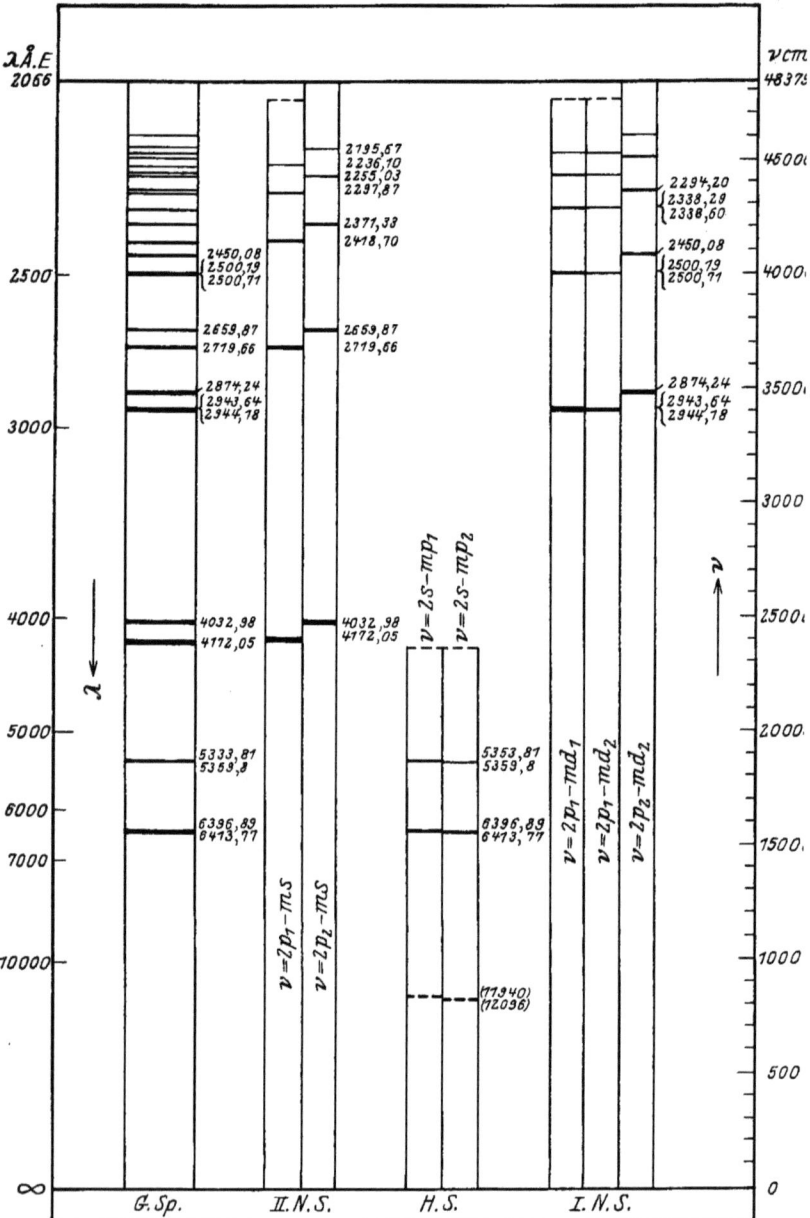

Fig. 88, II, Text S. 122. Spektrum des Gallium I. Wellenlängen und höhere Serienglieder nach H. S. UHLER u. J. W. TANCH, Astrophys. Journ. Bd. 55, S. 291. 1922.

Gallium I.

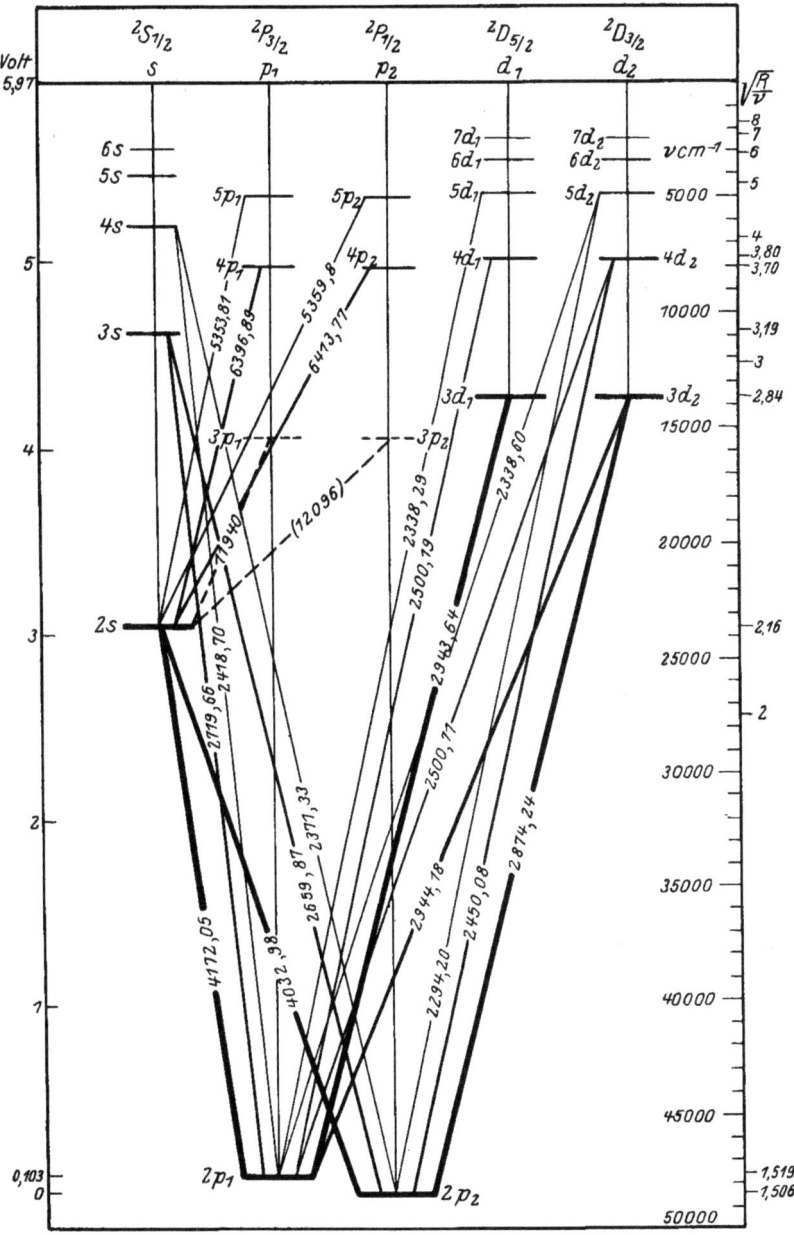

Fig. 89, II, Text S. 123. Niveauschema des Gallium I.

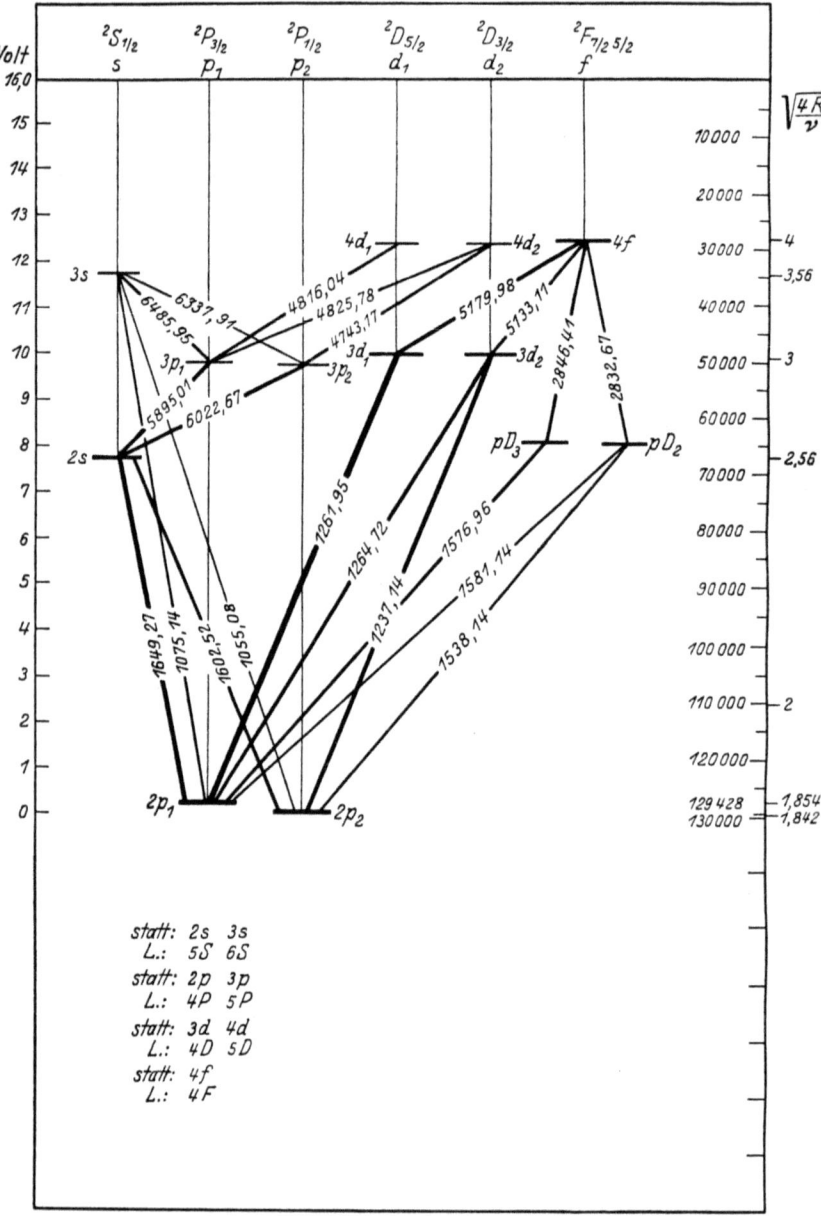

Fig. 90, II, Text S. 124. Niveauschema des Germanium II. R. J. LANG, Proc. Nat. Acad. Amer. Bd. 14, S. 32. 1928. (Sämtliche Wellenlängen sind λ_{vac}.)

102   Indium I.

Fig. 91, II, Text S. 122. Spektrum des Indium I. Wellenlängen und höhere Serienglieder nach H. S. UHLER u. J. W. TANCH, Astrophys. Journ. Bd. 55, S. 291. 1922.

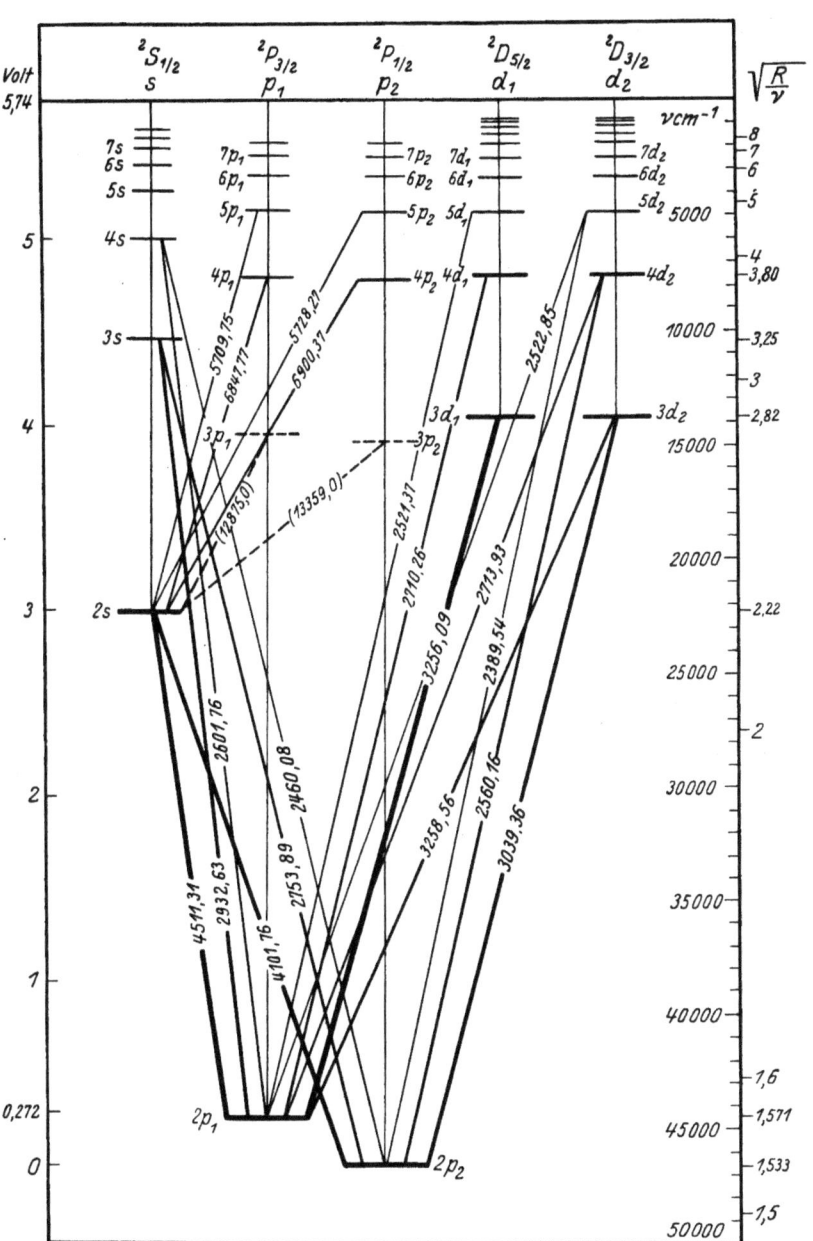

Fig. 92, II, Text S. 123. Niveauschema des Indium I.

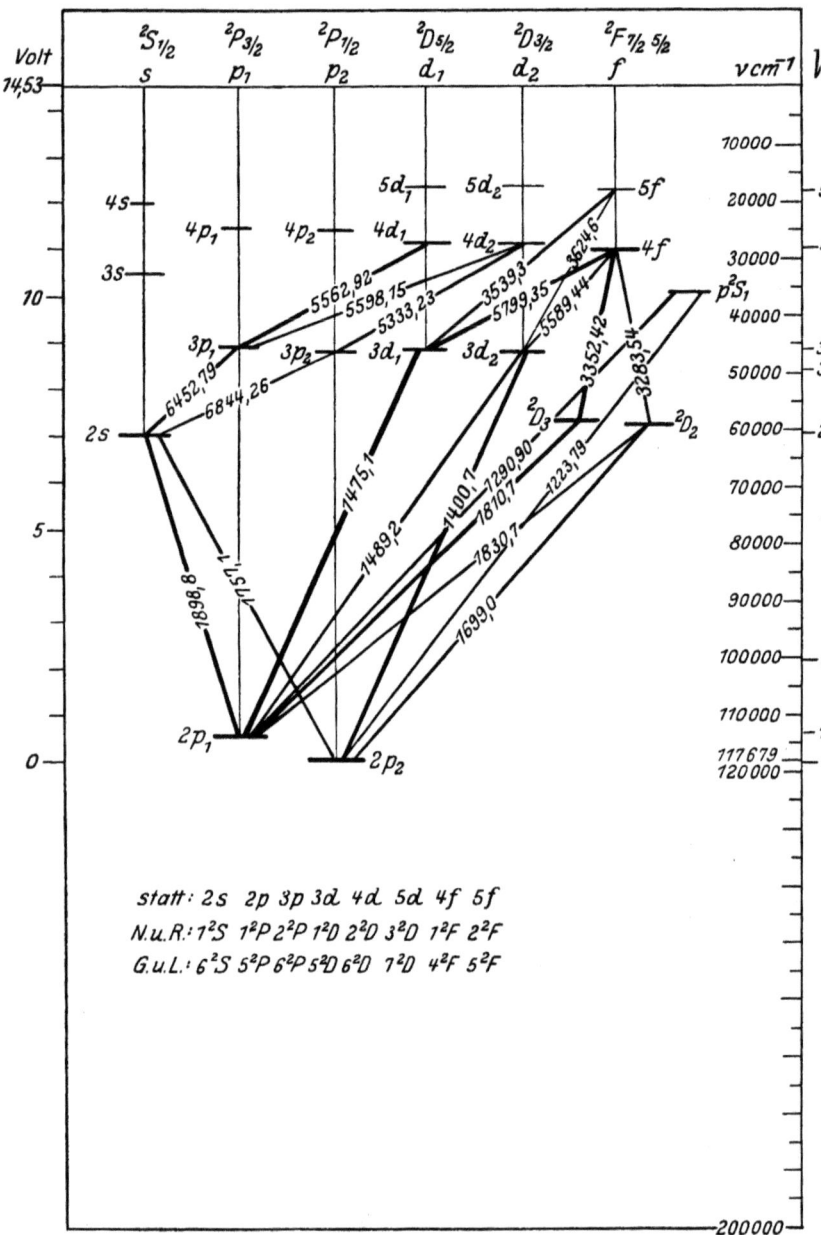

Fig. 93, II, Text S. 124. Niveauschema des Zinn II. A. L. Narayan u. K. R. Rao, ZS. f. Phys. Bd. 45, S. 350. 1927. J. B. Green u. R. A. Lornig, Phys. Rev. Bd. 30, S. 574. 1927. (Wellenlänge nach Narayan u. Rao.)

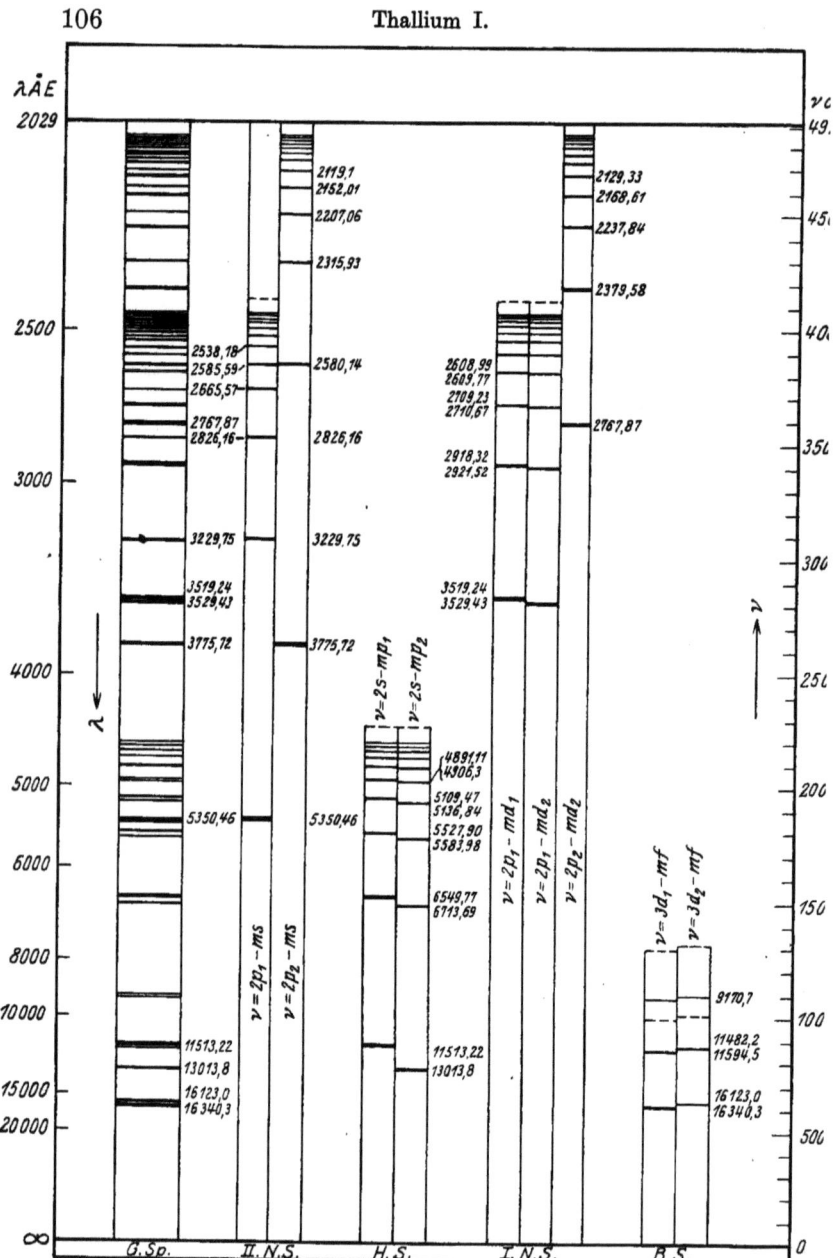

Fig. 94, II, Text S. 122. Spektrum des Thallium I.

Thallium I.

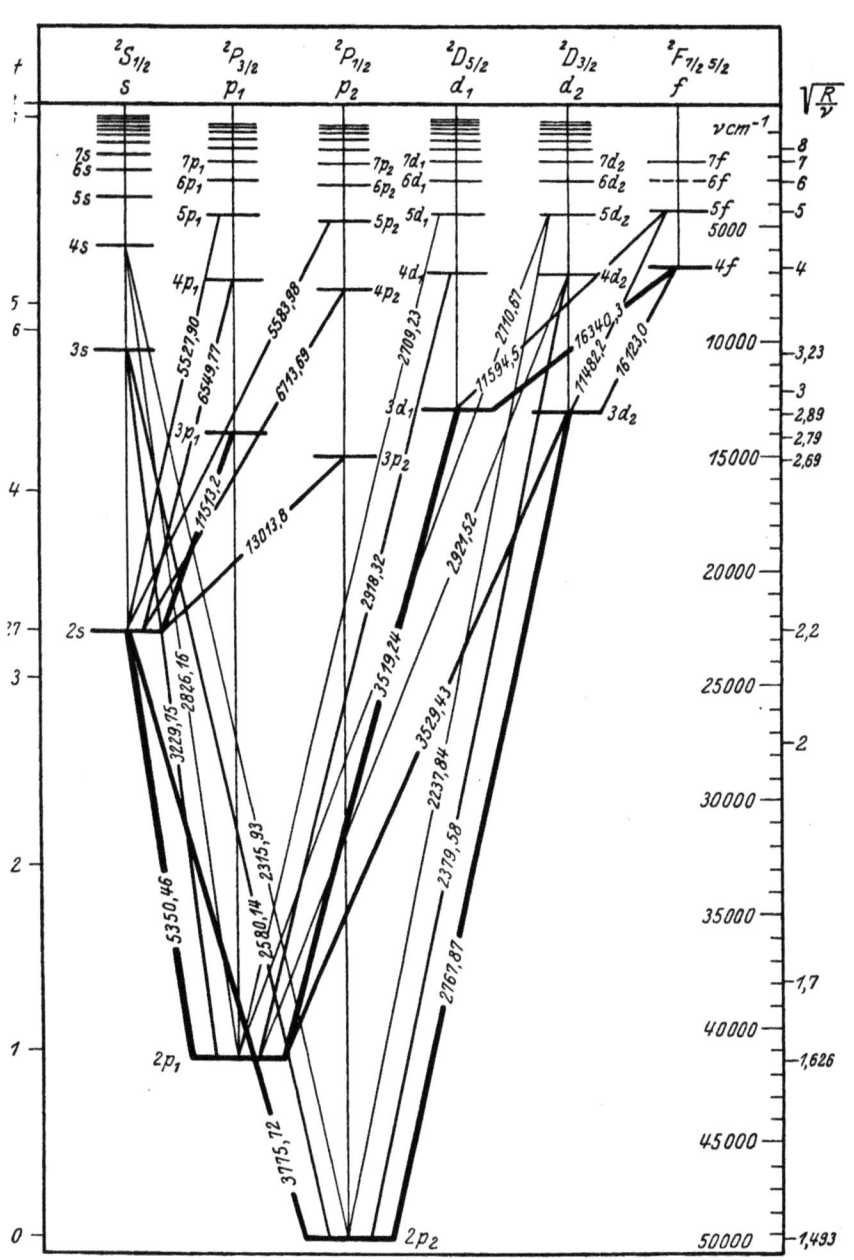

Fig. 95, II, Text S. 123. Niveauschema des Thallium I.

108 Blei II.

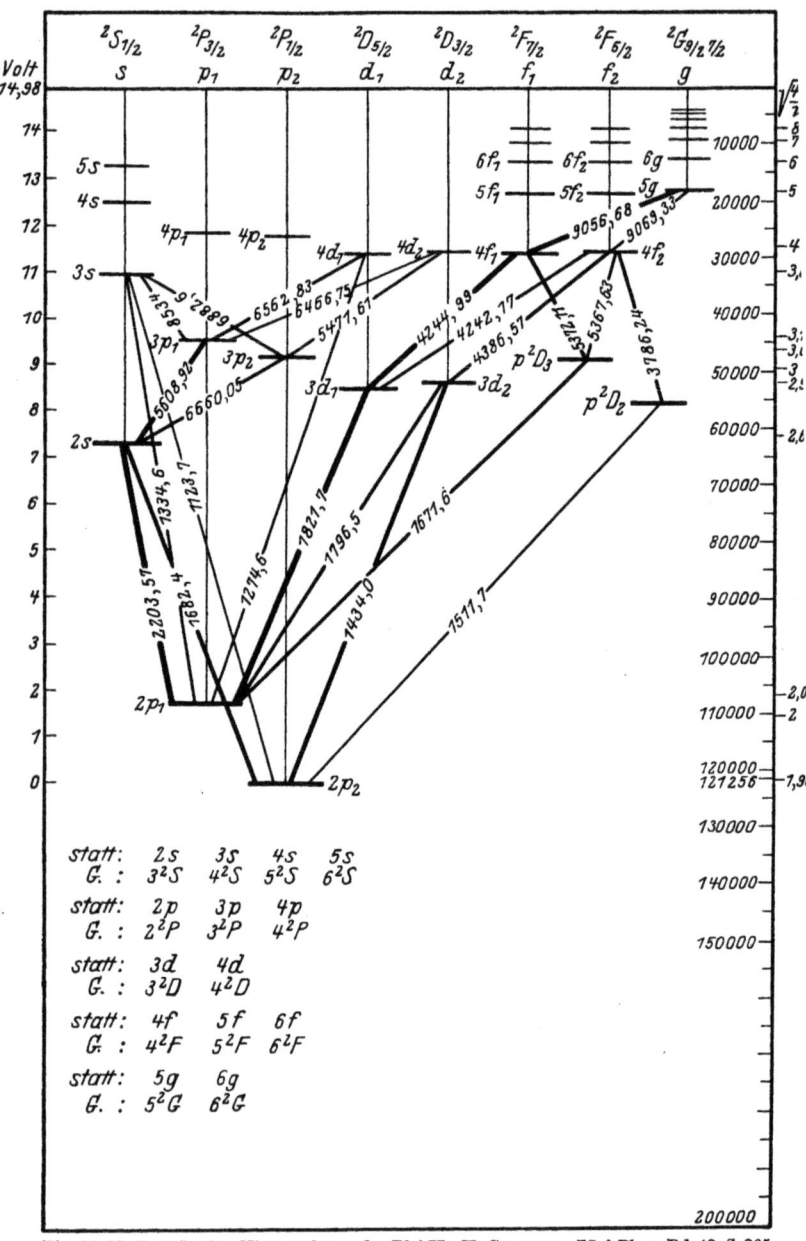

Fig. 96, II, Text S. 124. Niveauschema des Blei II. H. GIESELER, ZS. f. Phys. Bd. 42, S. 265. 1927.

II. Termsysteme homologer Spektren.

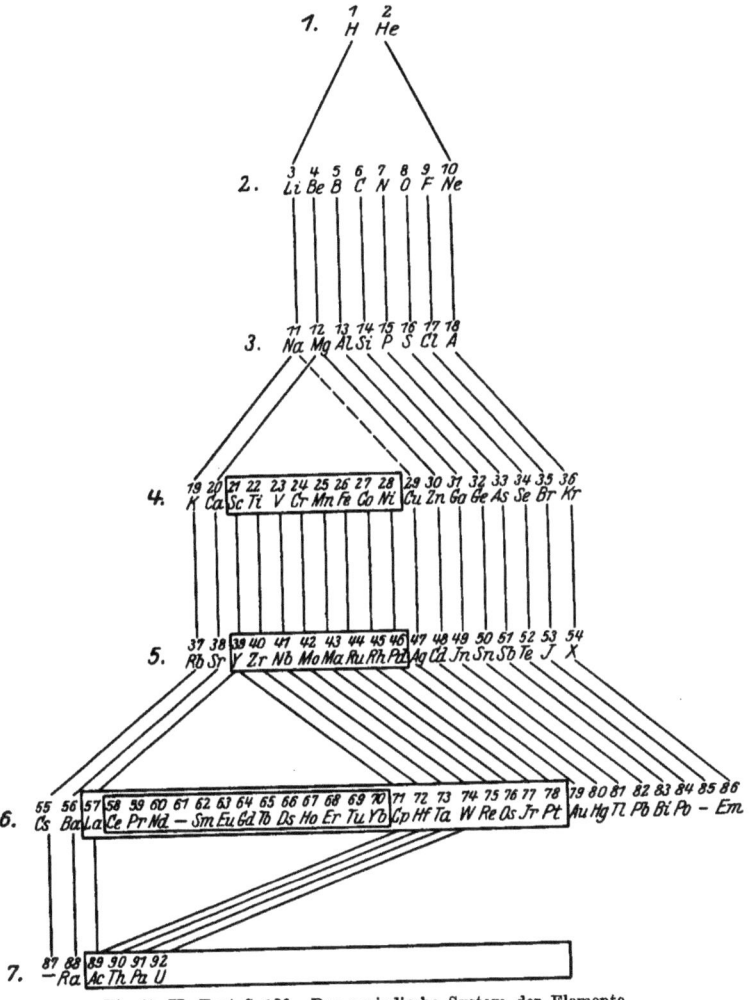

Fig. 97, II, Text S. 129. Das periodische System der Elemente.

Termsysteme.

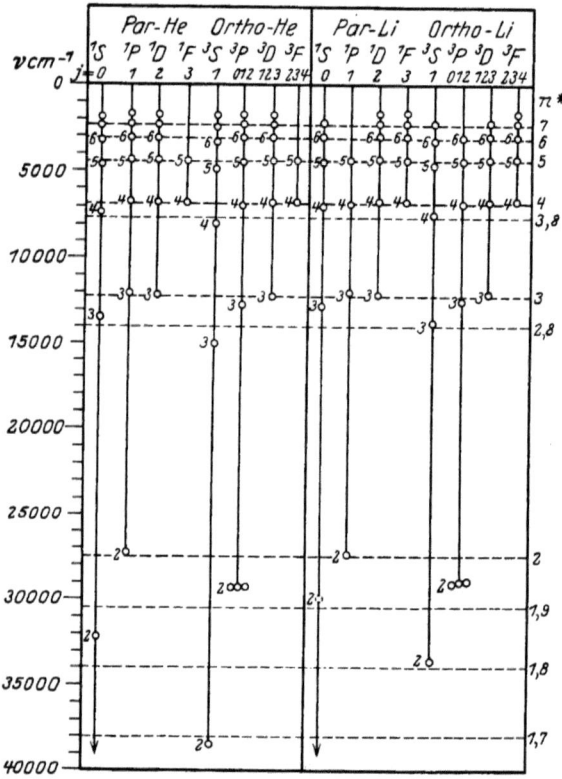

Fig. 98, II, Text S. 131. Die Termsysteme von He I u. Li II von den zweiquantigen Zuständen an.

Termsysteme.

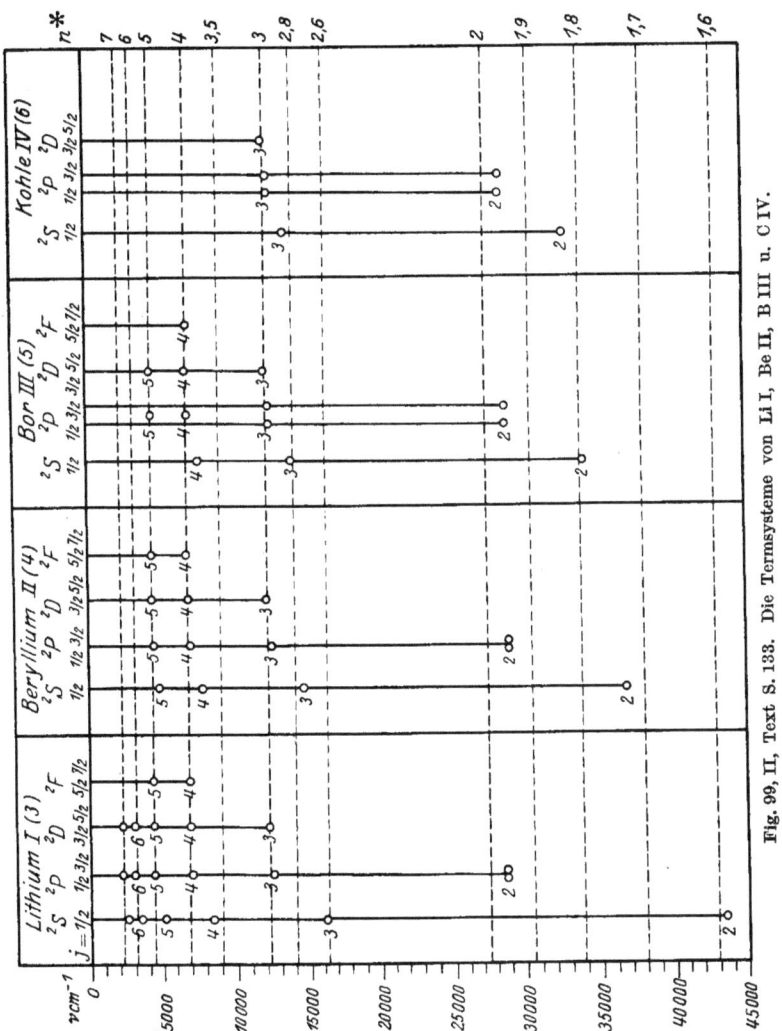

Fig. 99, II, Text S. 133. Die Termsysteme von Li I, Be II, B III u. C IV.

112 Termsysteme.

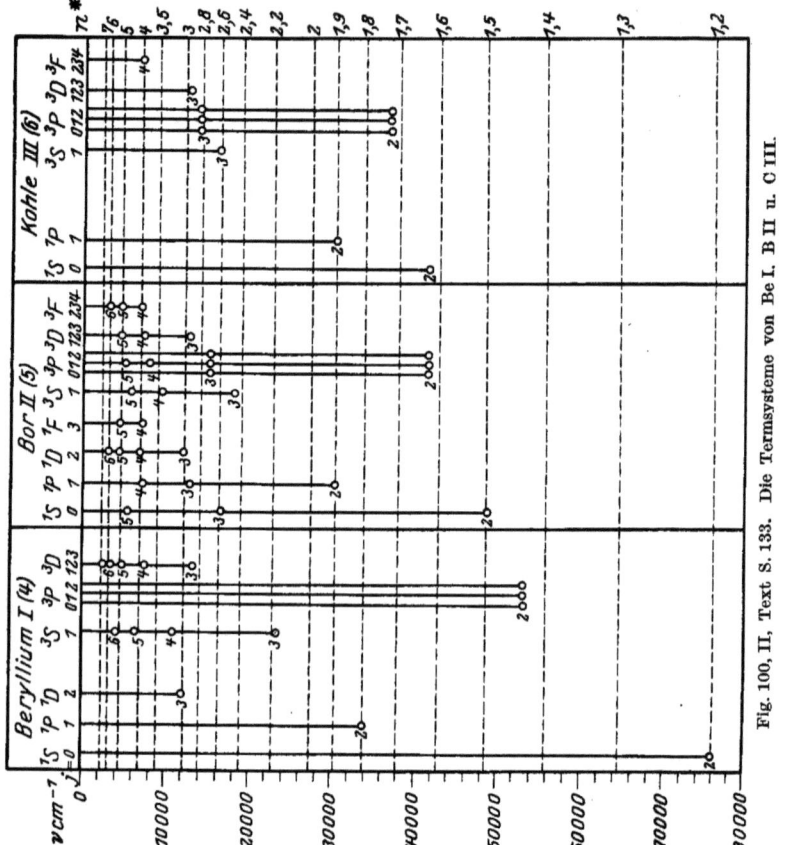

Fig. 100, II, Text S. 133. Die Termsysteme von Be I, B II u. C III.

Termsysteme. 113

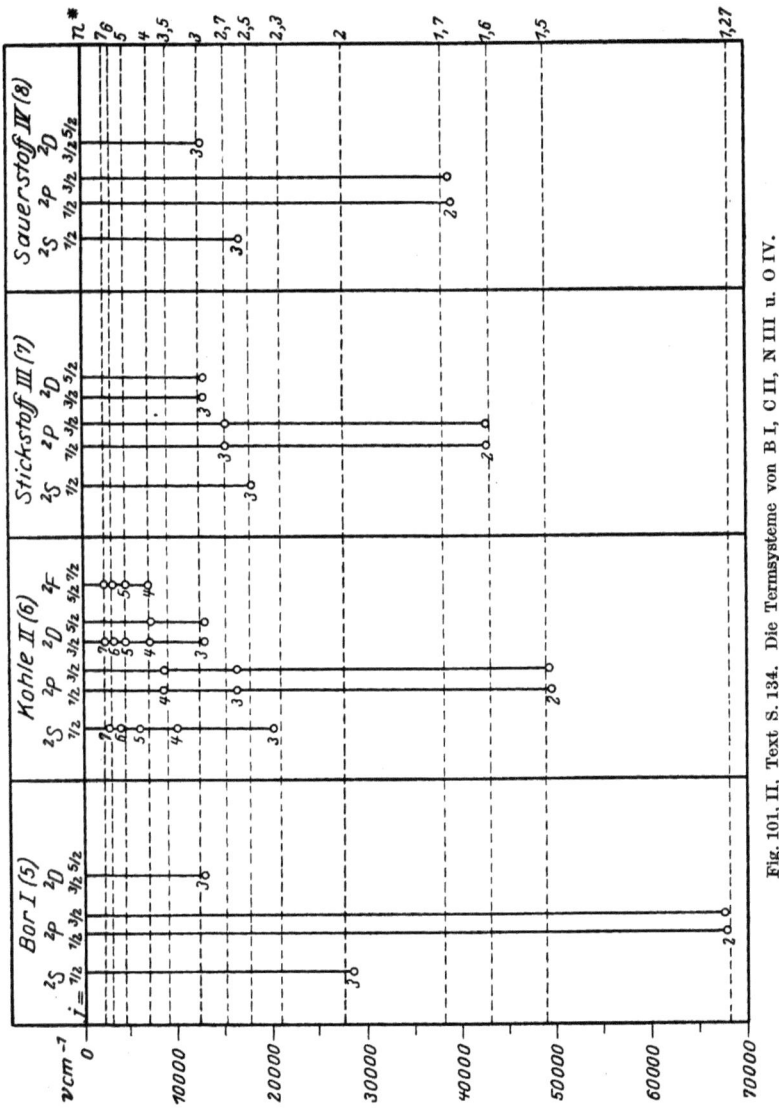

Fig. 101, II, Text S. 134. Die Termsysteme von B I, C II, N III u. O IV.

114 Termsysteme.

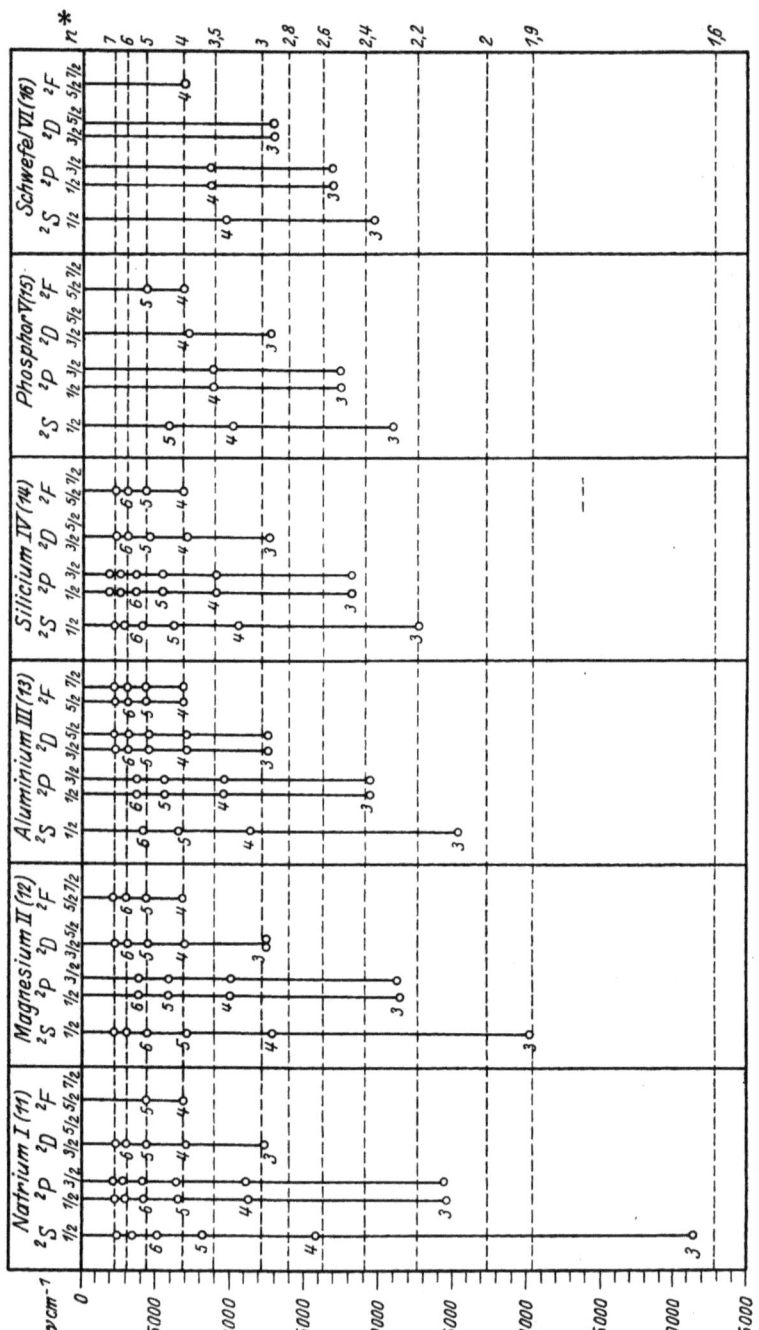

Fig. 102, II, Text S. 134. Die Termsysteme von Na I, Mg II, Al III, Si IV, P V, S VI.

Termsysteme. 115

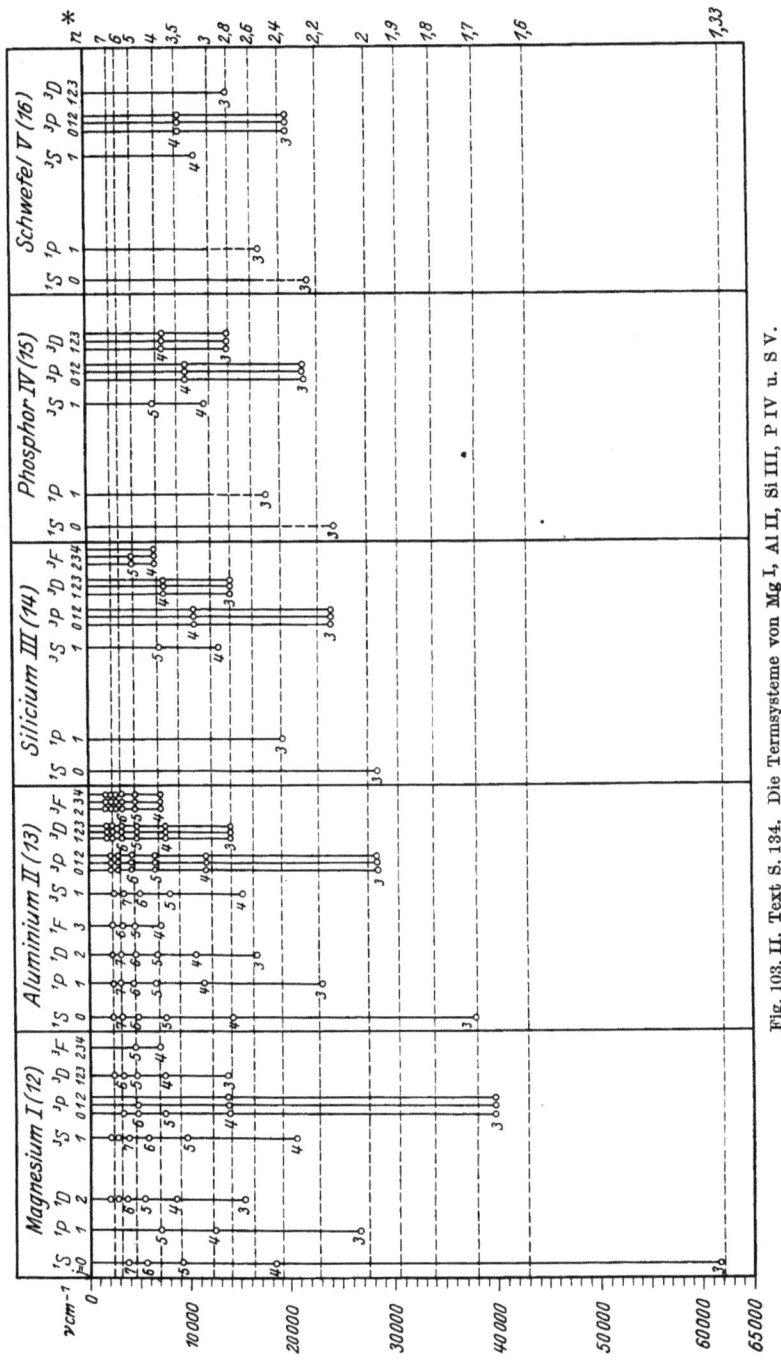

Fig. 103, II, Text S. 134. Die Termsysteme von Mg I, Al II, Si III, P IV u. S V.

116   Termsysteme.

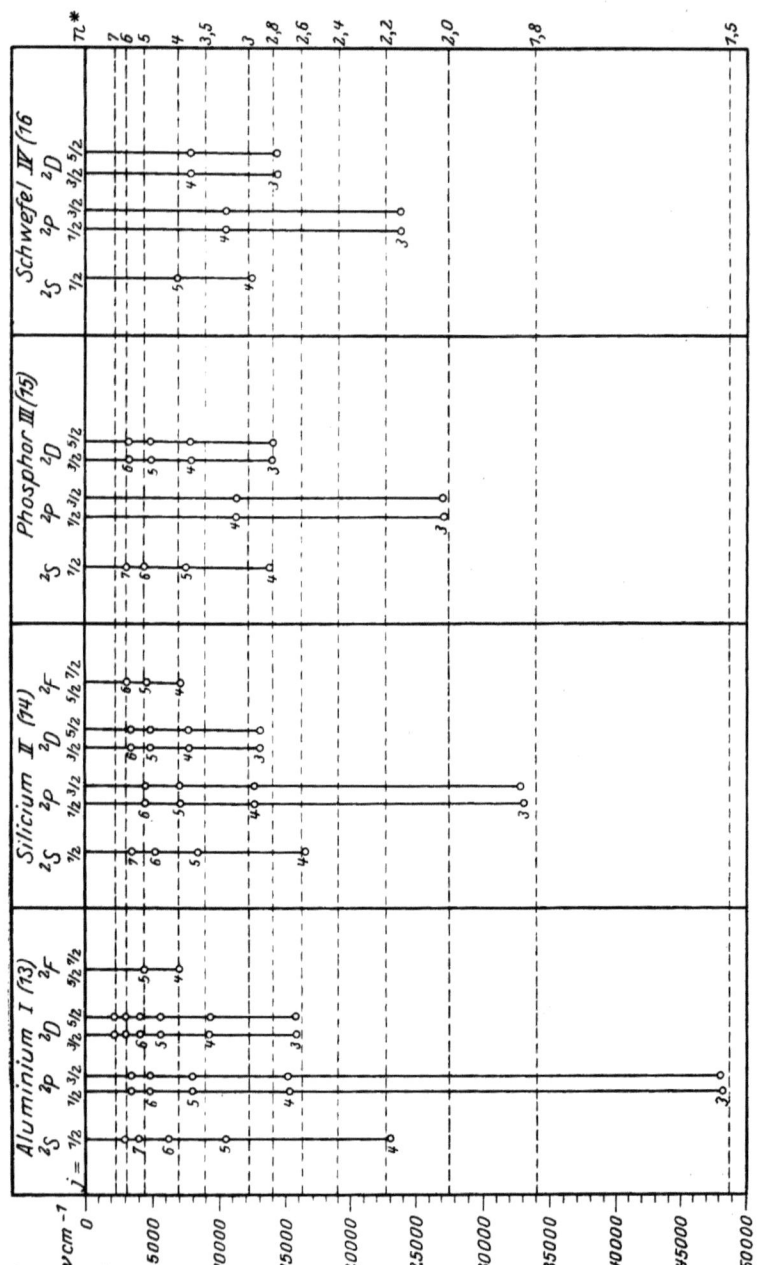

Fig. 104, II, Text S. 134. Die Termsysteme von Al I, Si II, P III u. S IV.

Termsysteme. 117

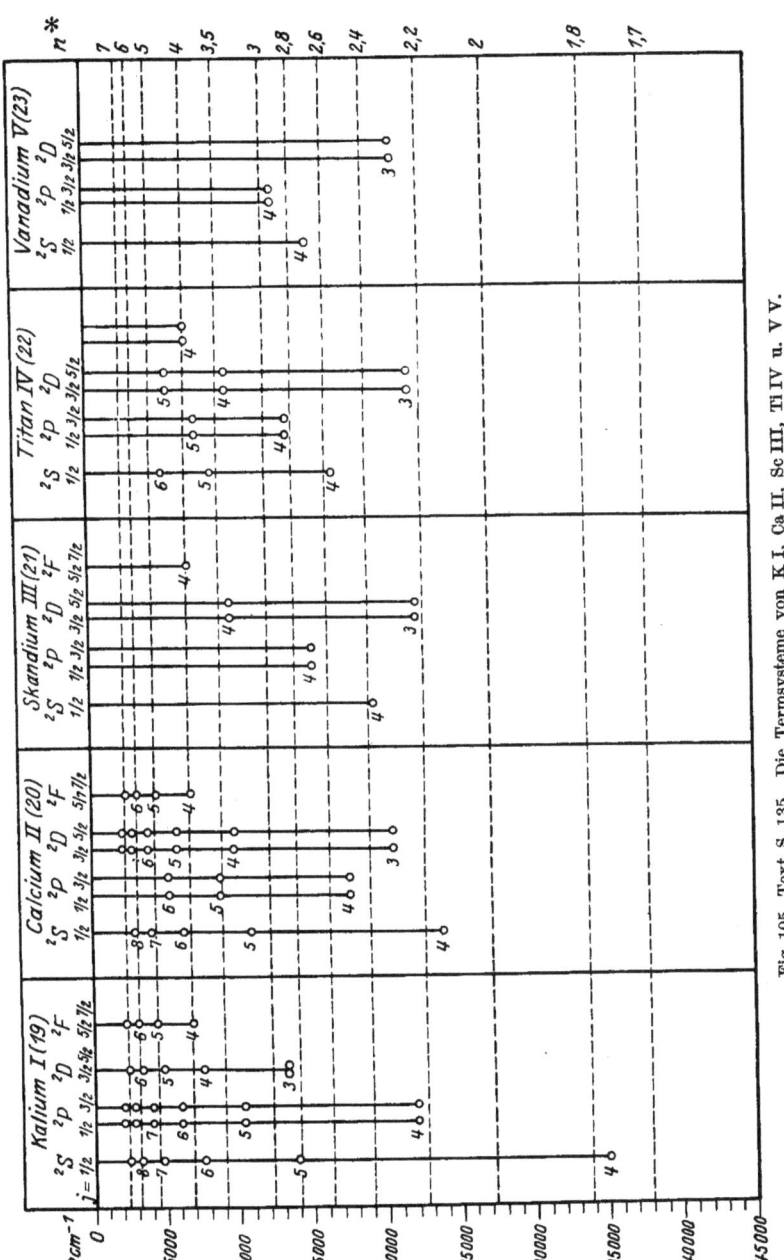

Fig. 105, Text S. 135. Die Termsysteme von K I, Ca II, Sc III, Ti IV u. V V.

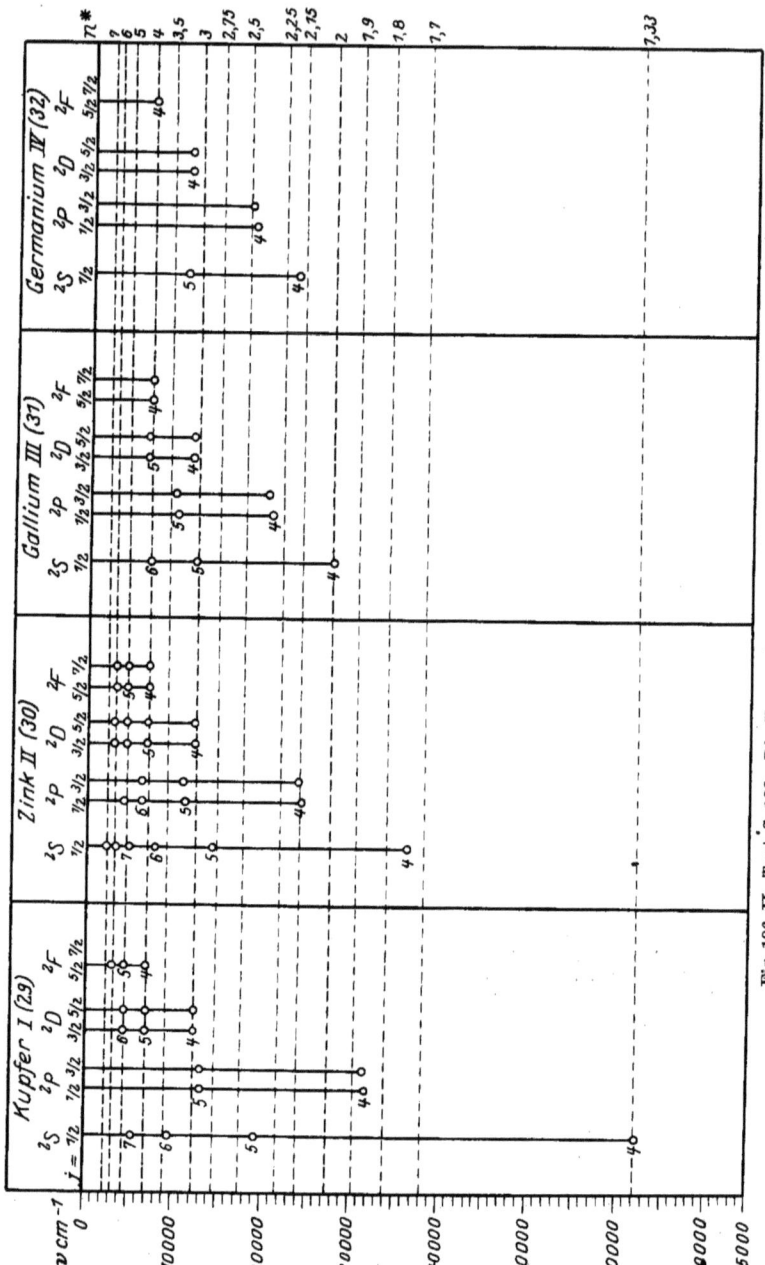

Fig. 106, II, Text S. 136. Die Termsysteme von Cu I, Zn II, Ga III u. Ge IV.

Termsysteme. 119

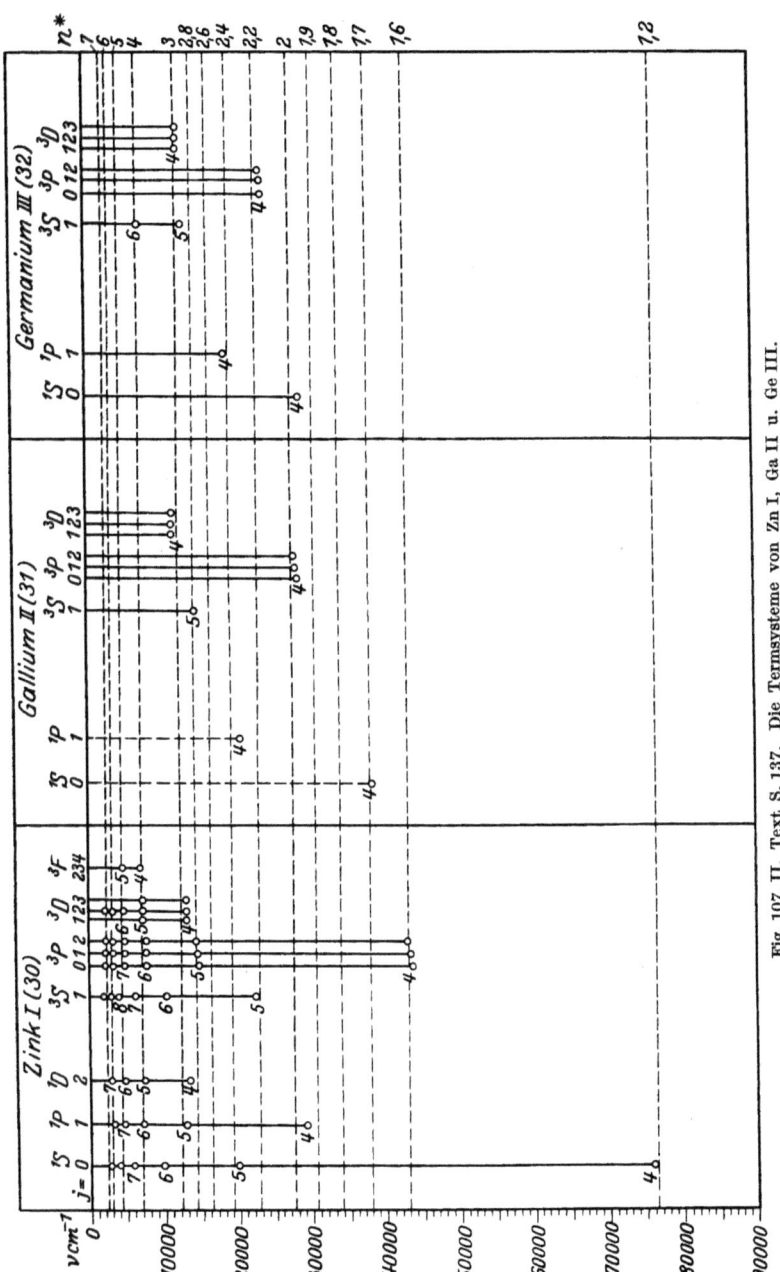

Fig. 107, II, Text S. 137. Die Termsysteme von Zn I, Ga II u. Ge III.

120 Termsysteme.

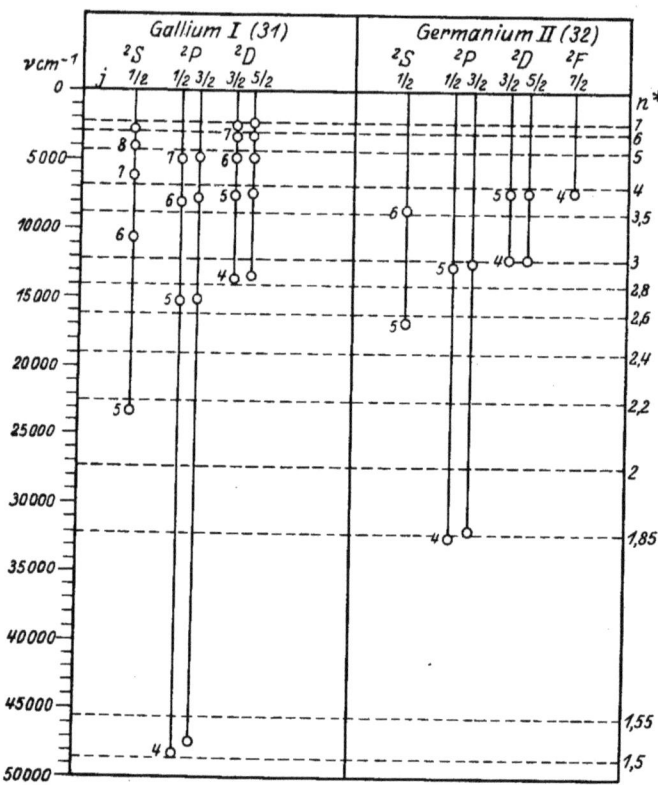

Fig. 108, II, Text S. 137. Die Termsysteme von Ga I u. Ge II.

Termsysteme. 121

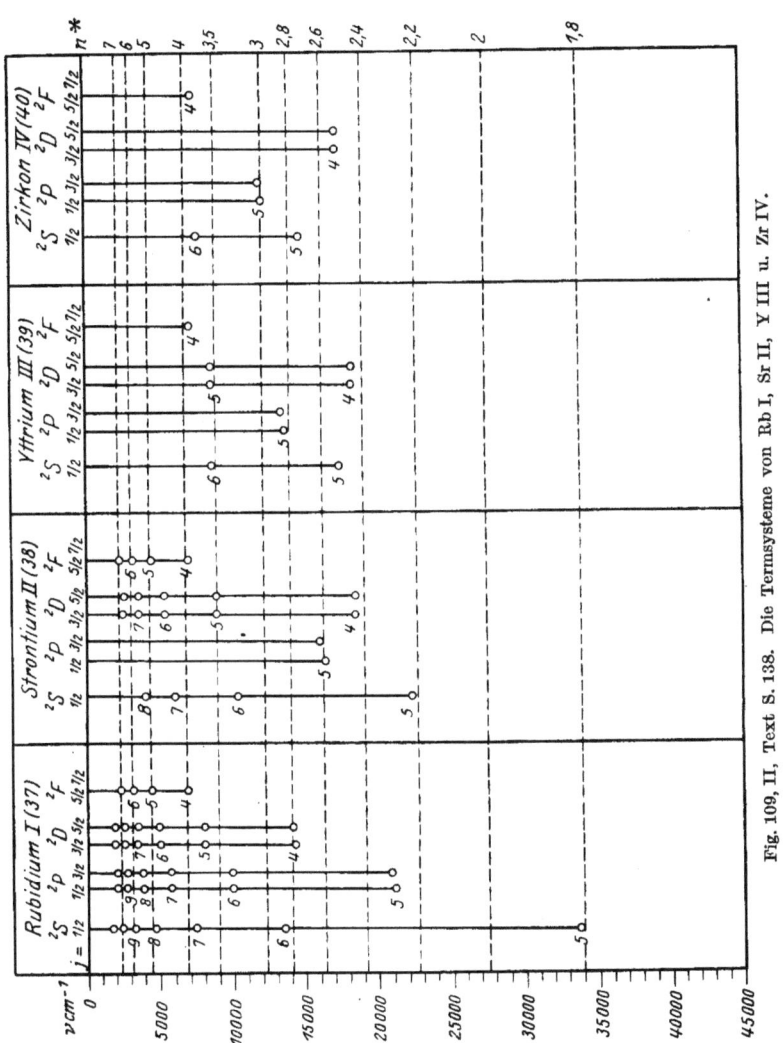

Fig. 109, II, Text S. 138. Die Termsysteme von Rb I, Sr II, Y III u. Zr IV.

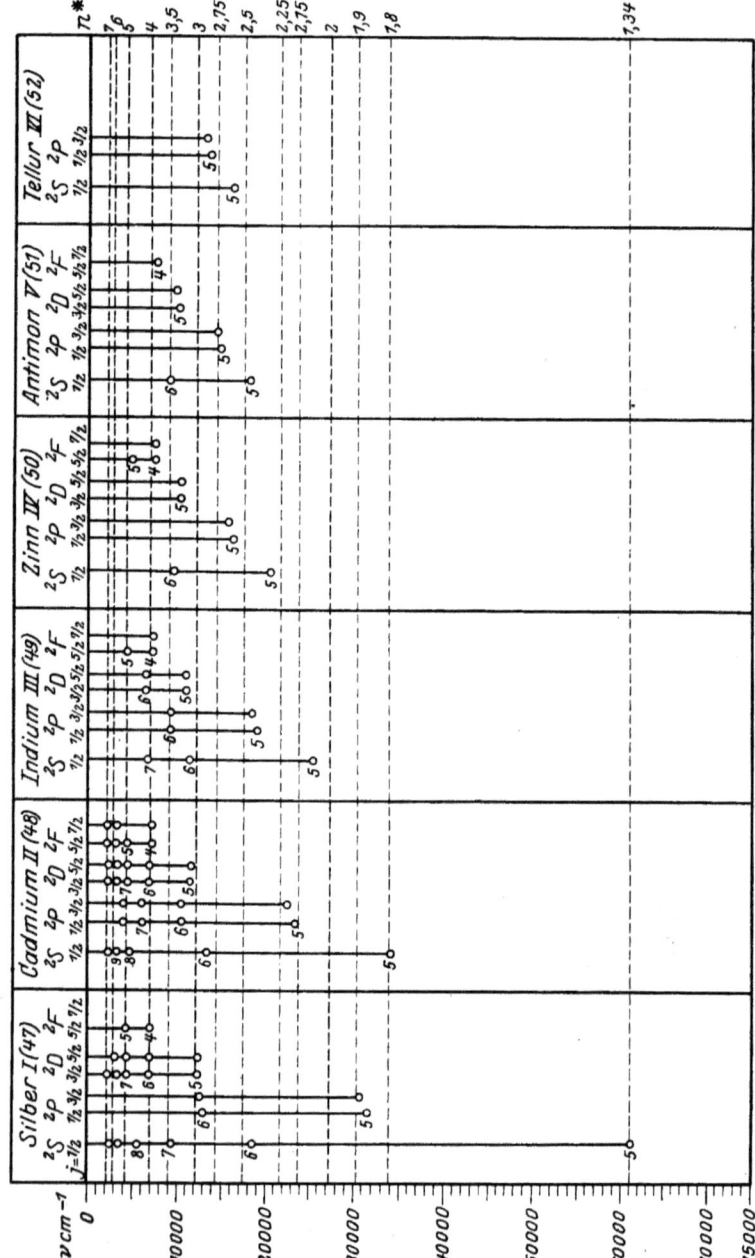

Fig. 110, II, Text S. 138. Die Termsysteme von Ag I, Cd II, In III, Sn IV, Sb V u. Te VI.

Termsysteme. 123

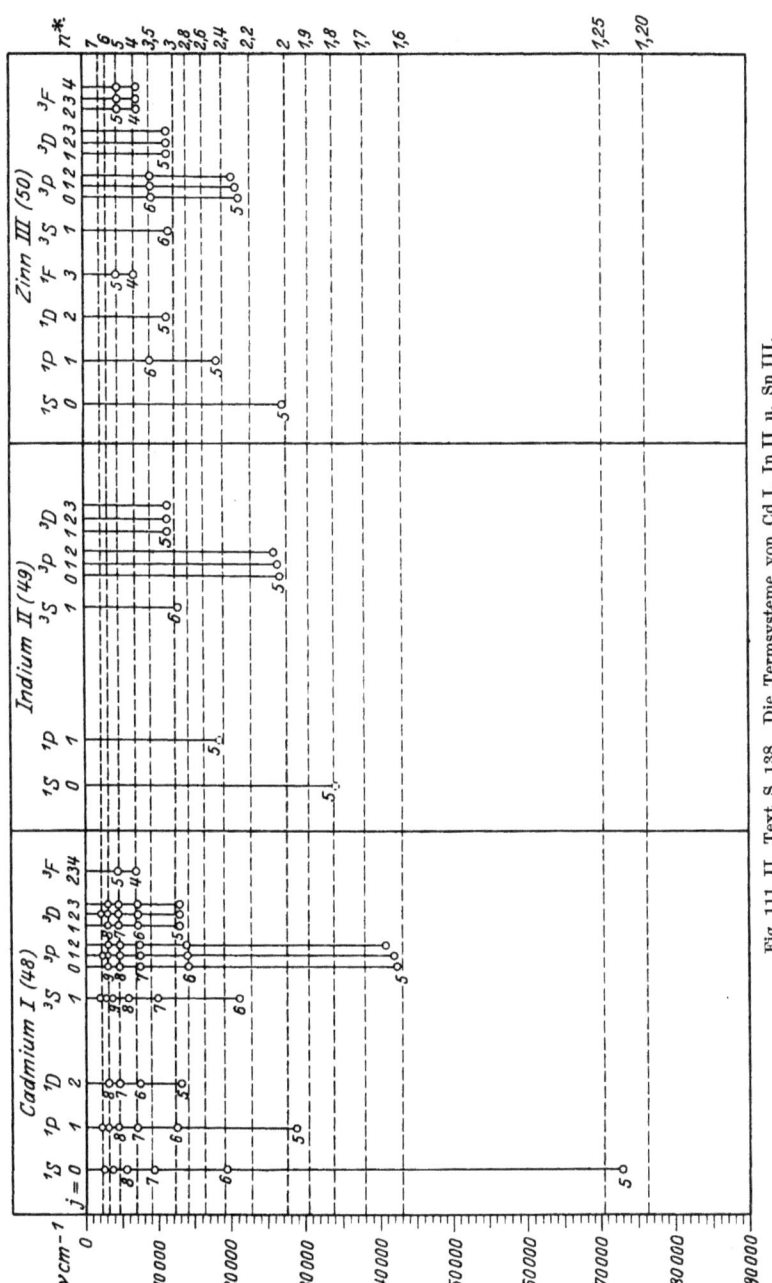

Fig. 111, II, Text S. 188. Die Termsysteme von Cd I, In II u. Sn III.

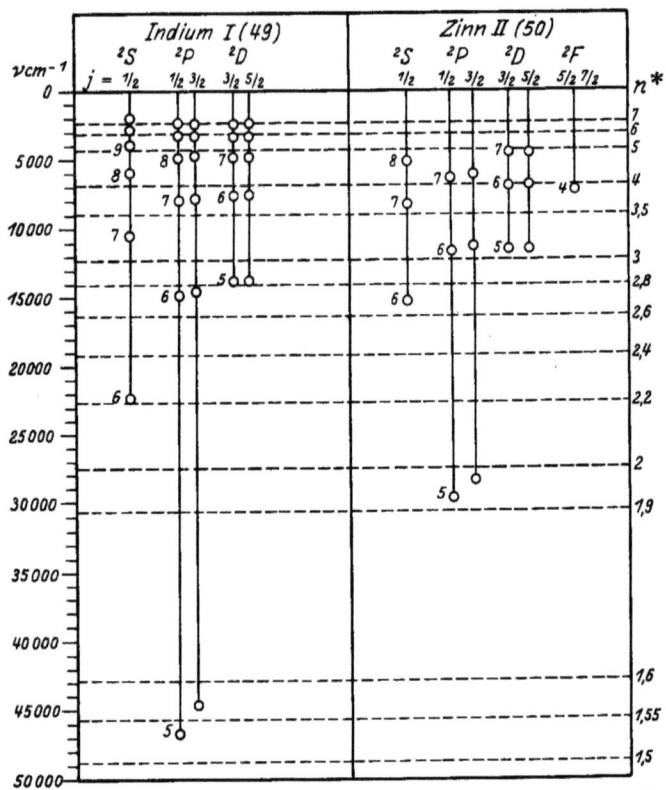

Fig. 112, II, Text S. 139. Die Termsysteme von In I u. Sn II.

Termsysteme.

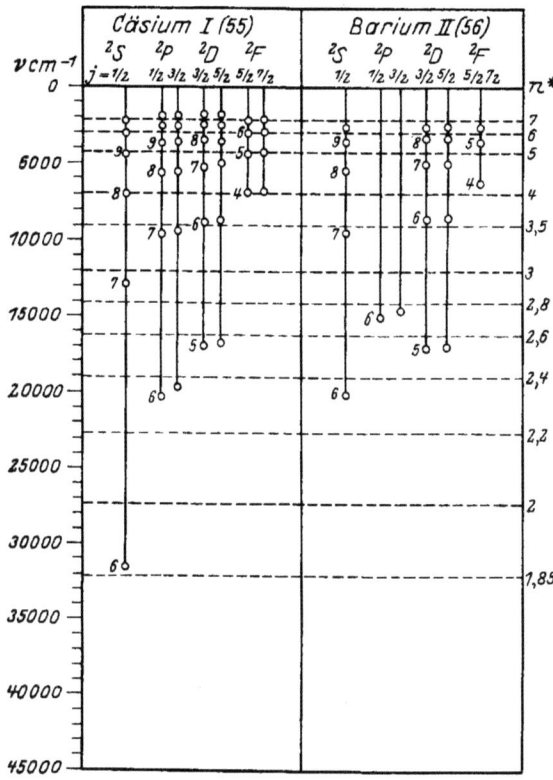

Fig. 113, II, Text S. 139. Die Termsysteme von Cs I u. Ba II.

126 Termsysteme.

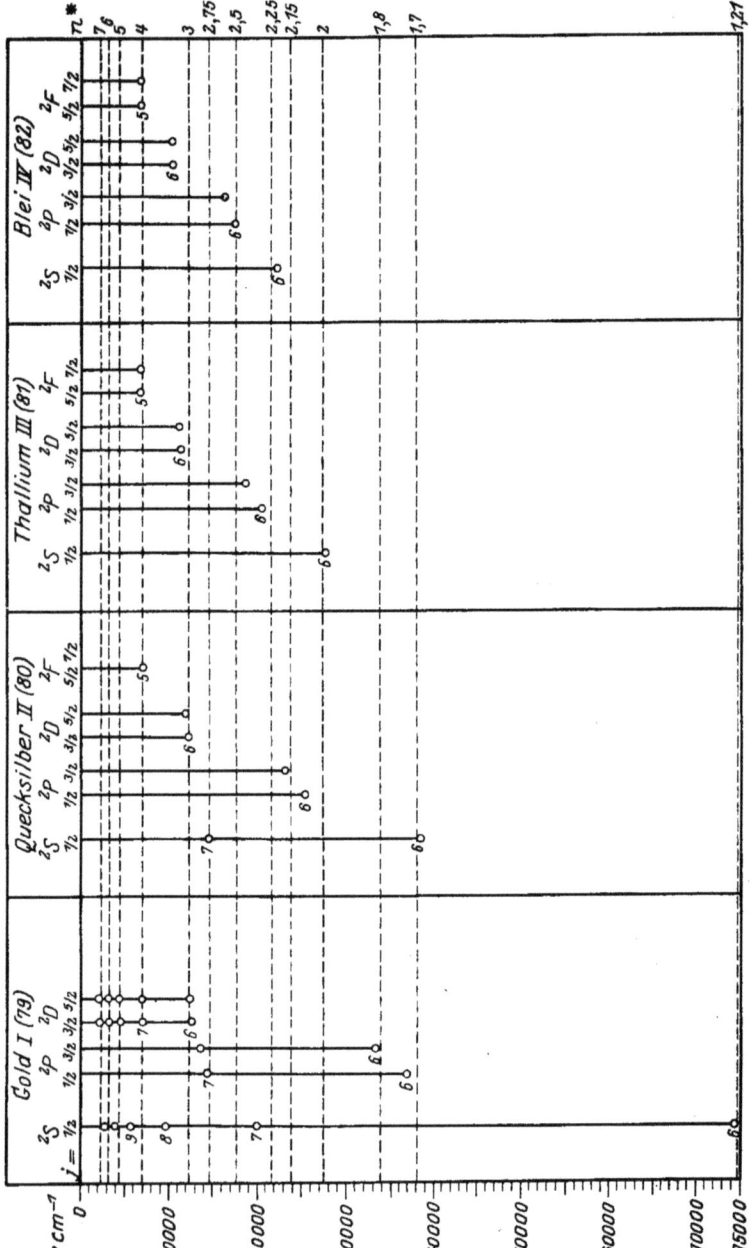

Fig. 114, II, Text S. 140. Die Termsysteme von Au I, Hg II, Tl III u. Pb IV.

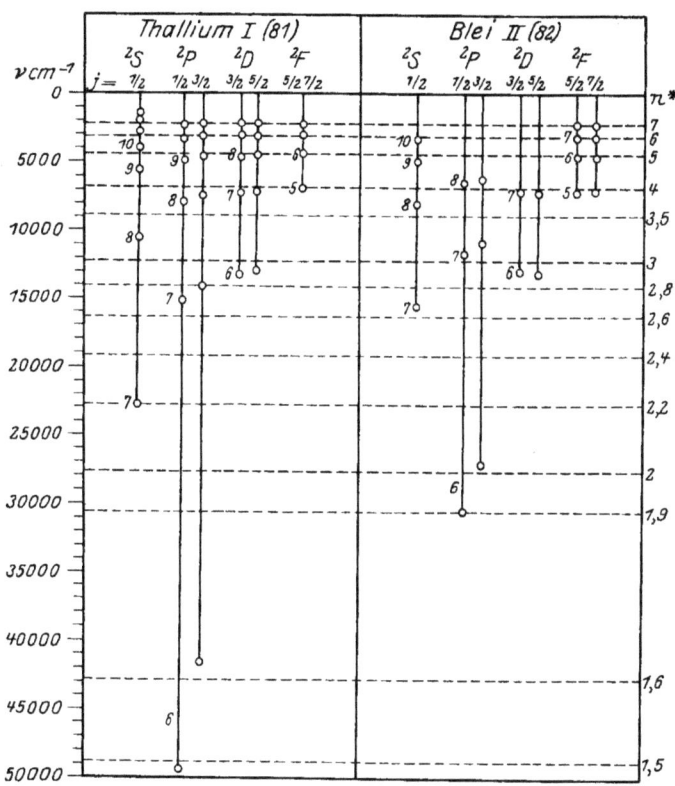

Fig. 115, II, Text S. 140. Die Termsysteme von Tl I u. Pb II.

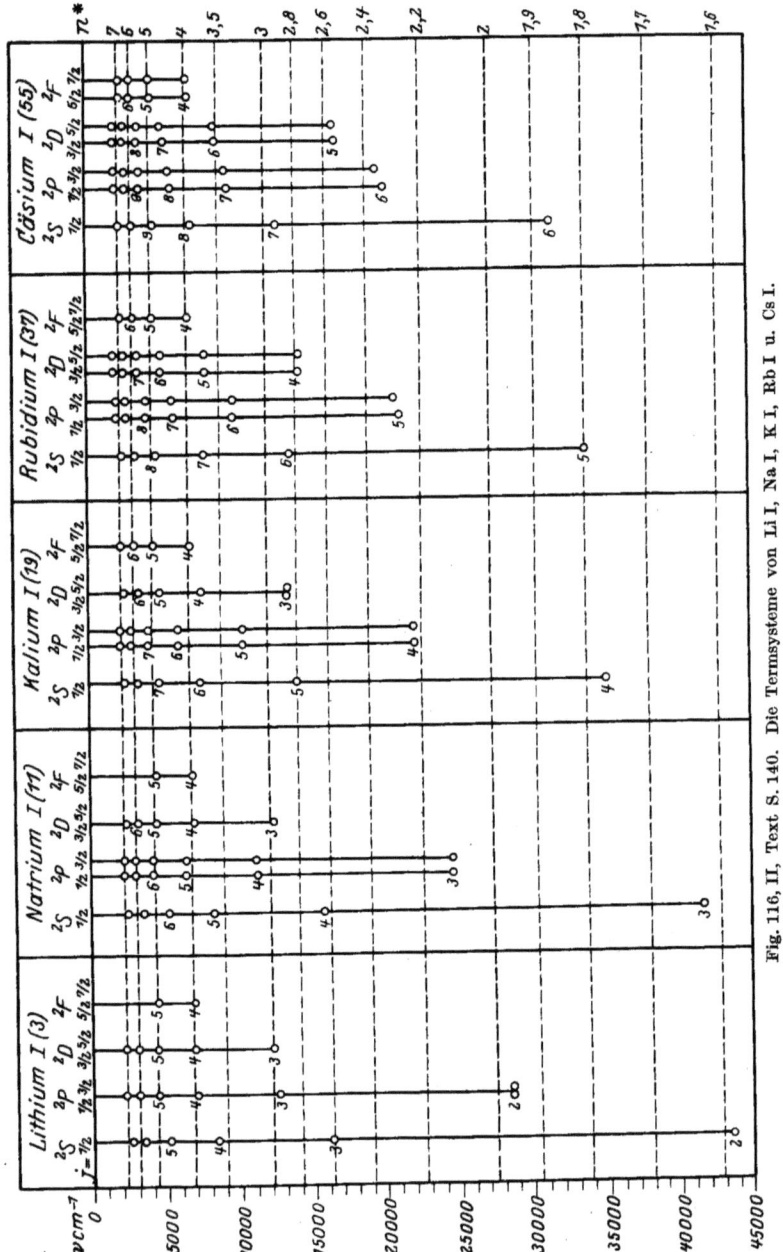

Fig. 116, II, Text S. 140. Die Termsysteme von Li I, Na I, K I, Rb I u. Cs I.

Termsysteme.

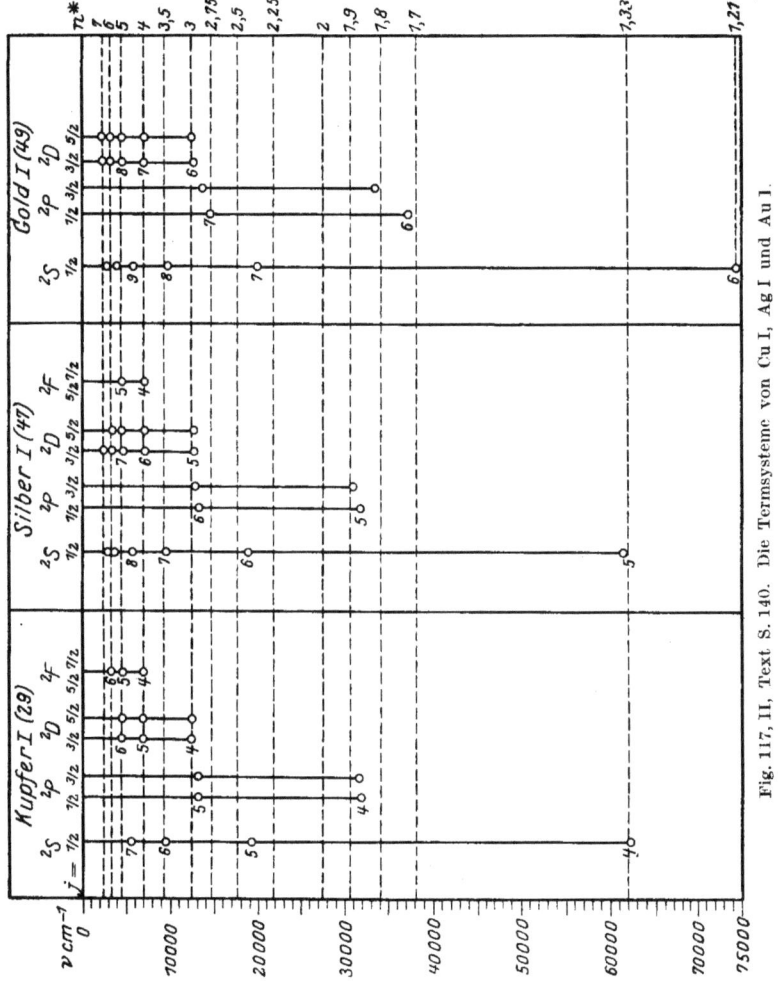

Fig. 117, II, Text S. 140. Die Termsysteme von Cu I, Ag I und Au I.

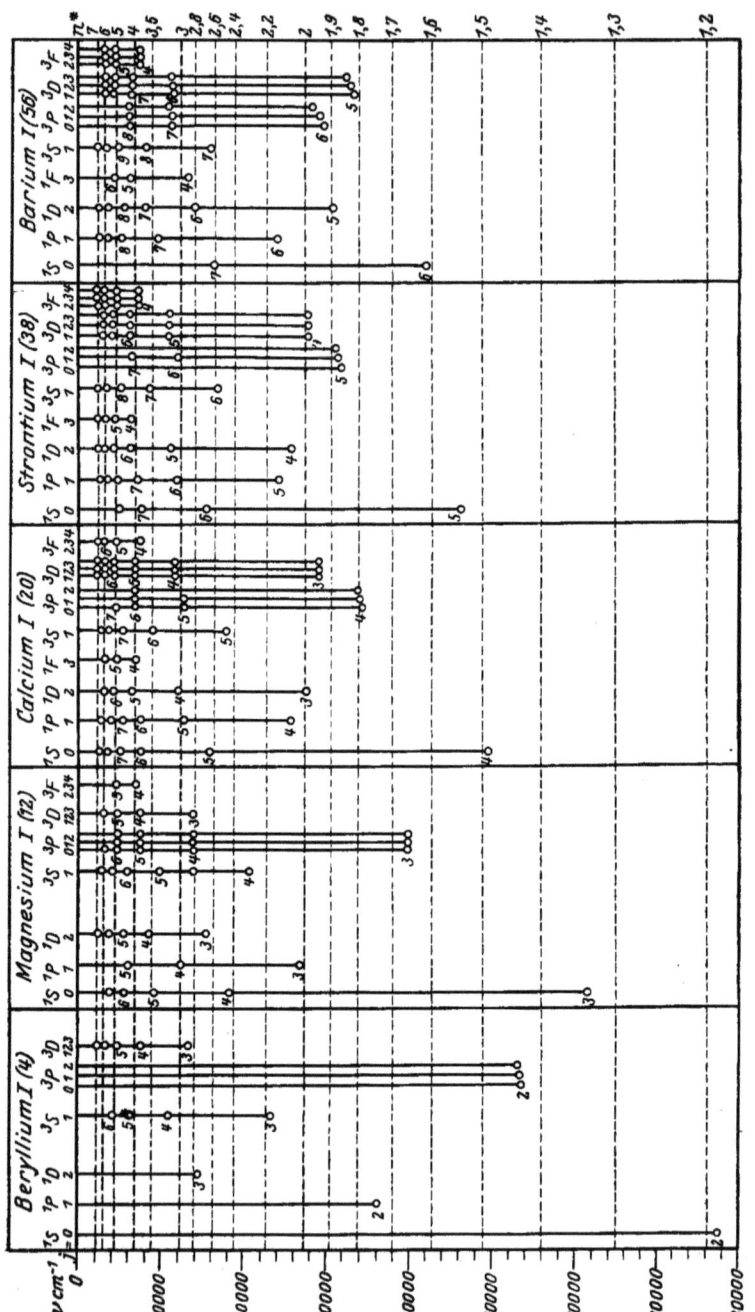

Fig. 118, II, Text S. 140. Die Termsysteme von Be I, Mg I, Ca I, Sr I und Ba I.

Termsysteme.

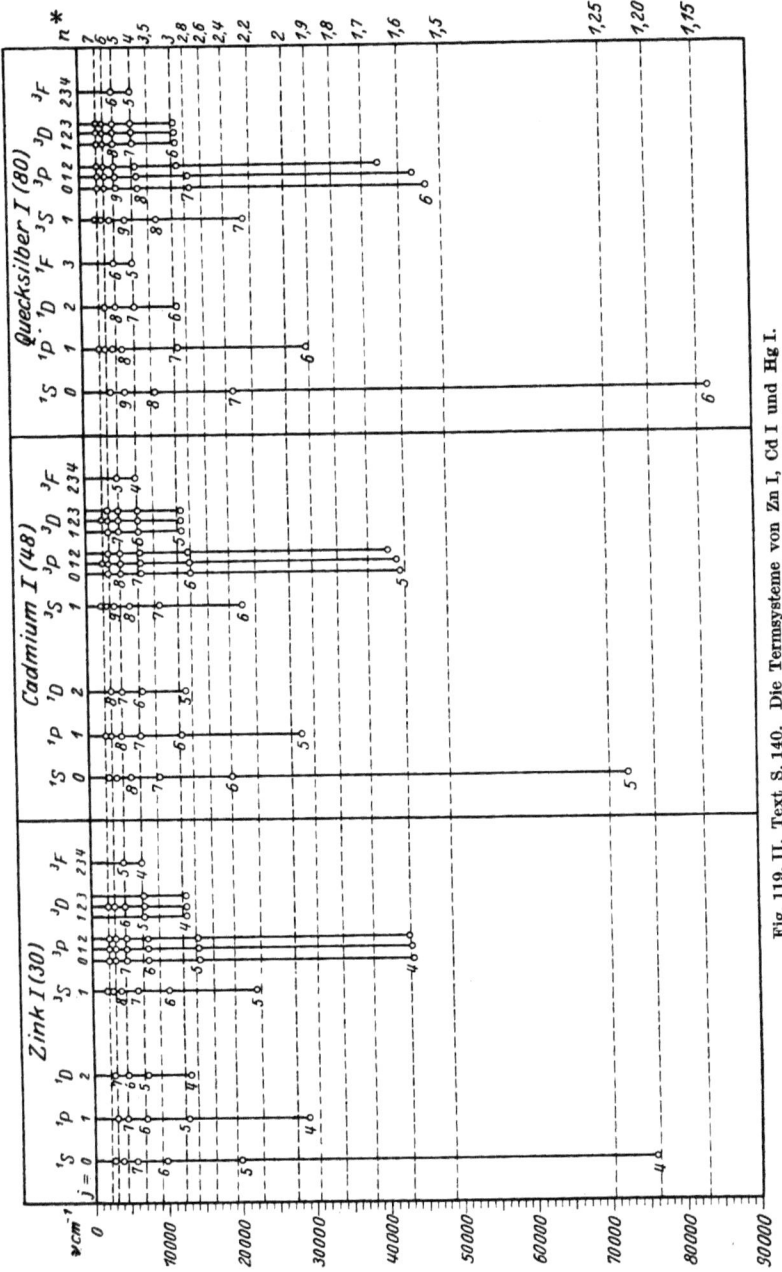

Fig. 119, II, Text S. 140. Die Termsysteme von Zn I, Cd I und Hg I.

132   Termsysteme.

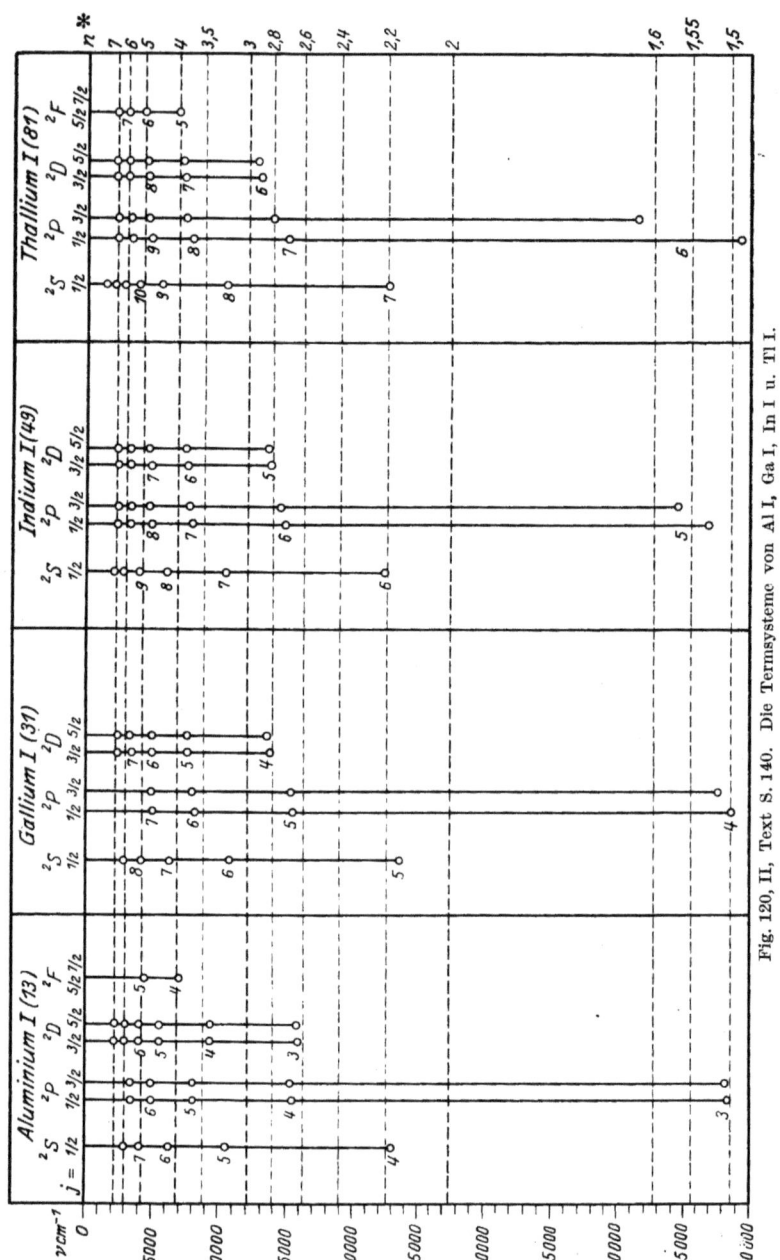

Fig. 120, II, Text S. 140. Die Termsysteme von Al I, Ga I, In I u. Tl I.

III. Niveauschemata für die Röntgenspektren.

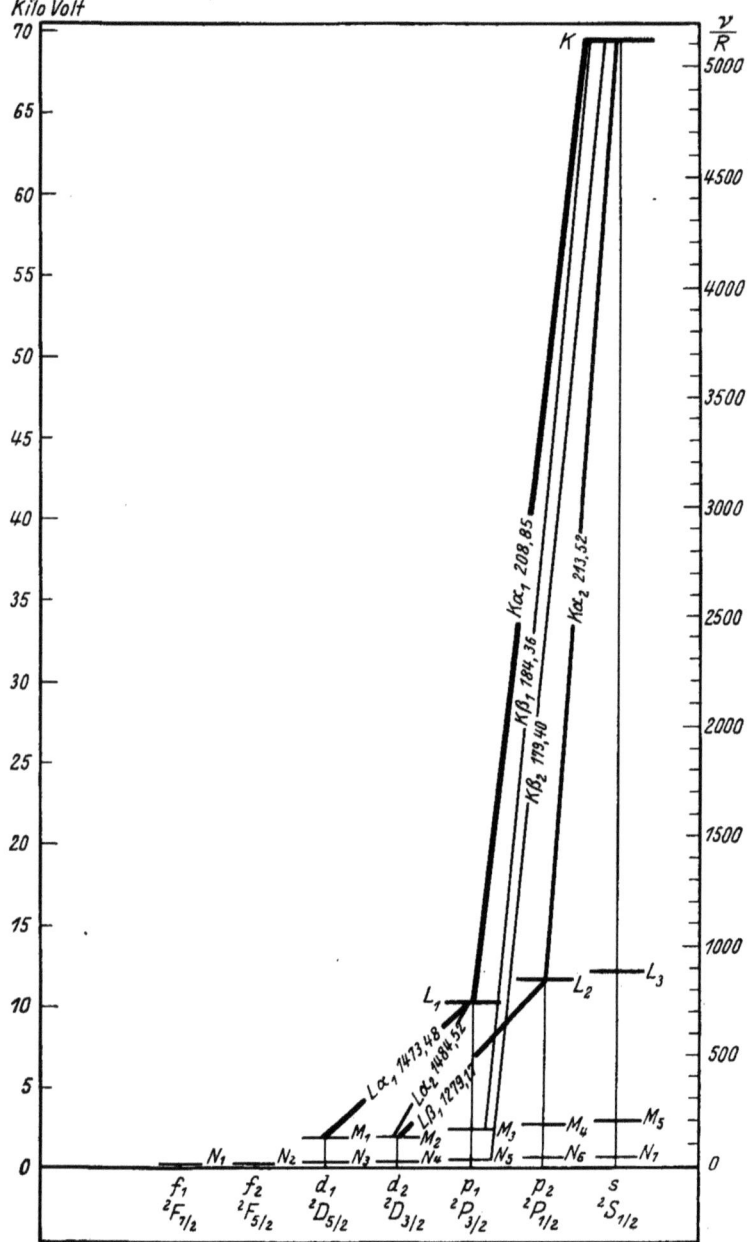

Fig. 121, II, Text S. 146. Vollständiges Niveauschema des Röntgenspektrums von Wolfram $(Z = 74)$.

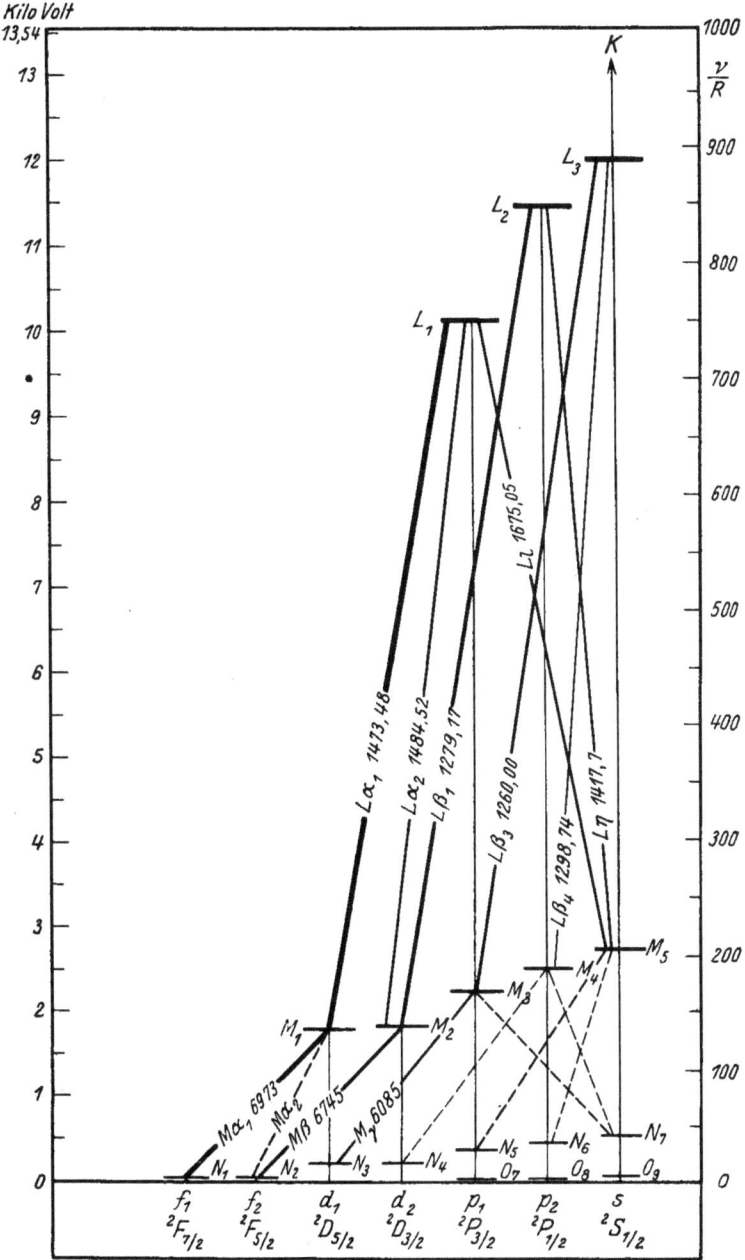

Fig. 122, II, Text S. 147. Niveauschema des Röntgenspektrums von Wolfram (Z = 74) bis zu den L-Niveaus.

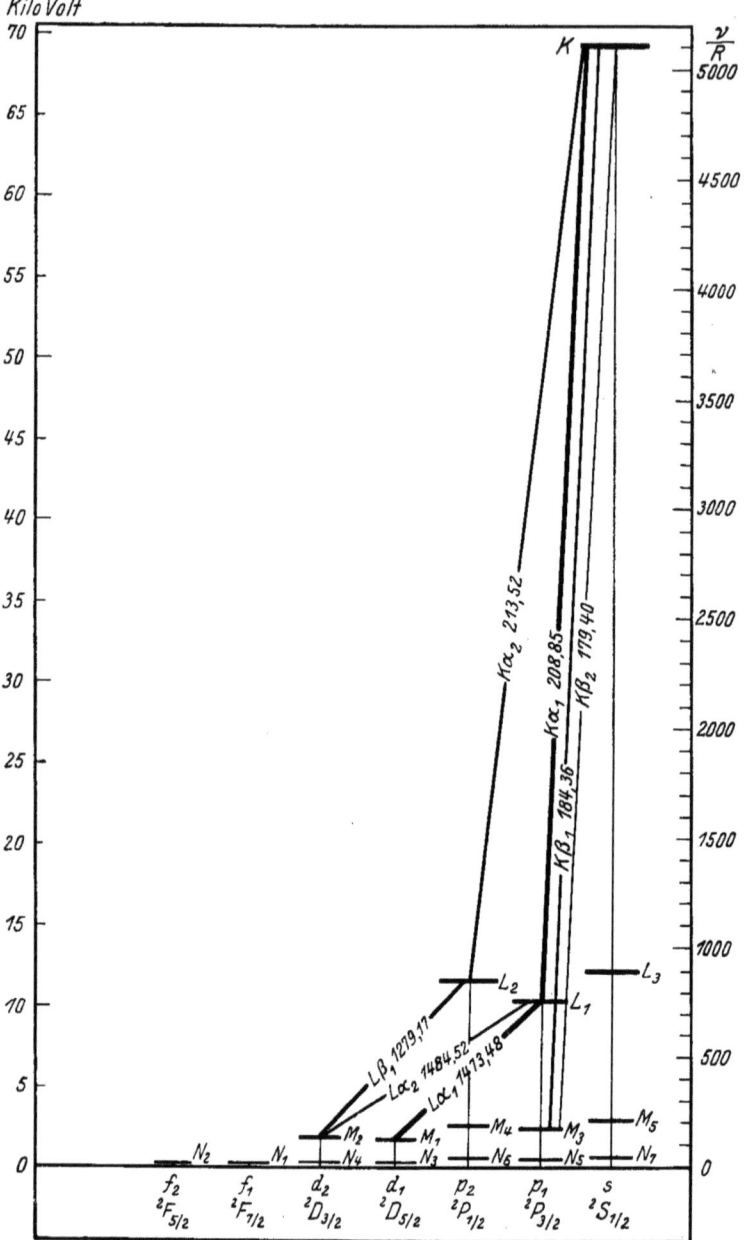

Fig. 123, II, Text S. 149. Vollständiges Niveauschema des Röntgenspektrums von Wolfram ($Z = 74$). (Reihenfolge der Termfolgen wie bei den Figuren der Dublettspektren.)

Röntgenniveaus.

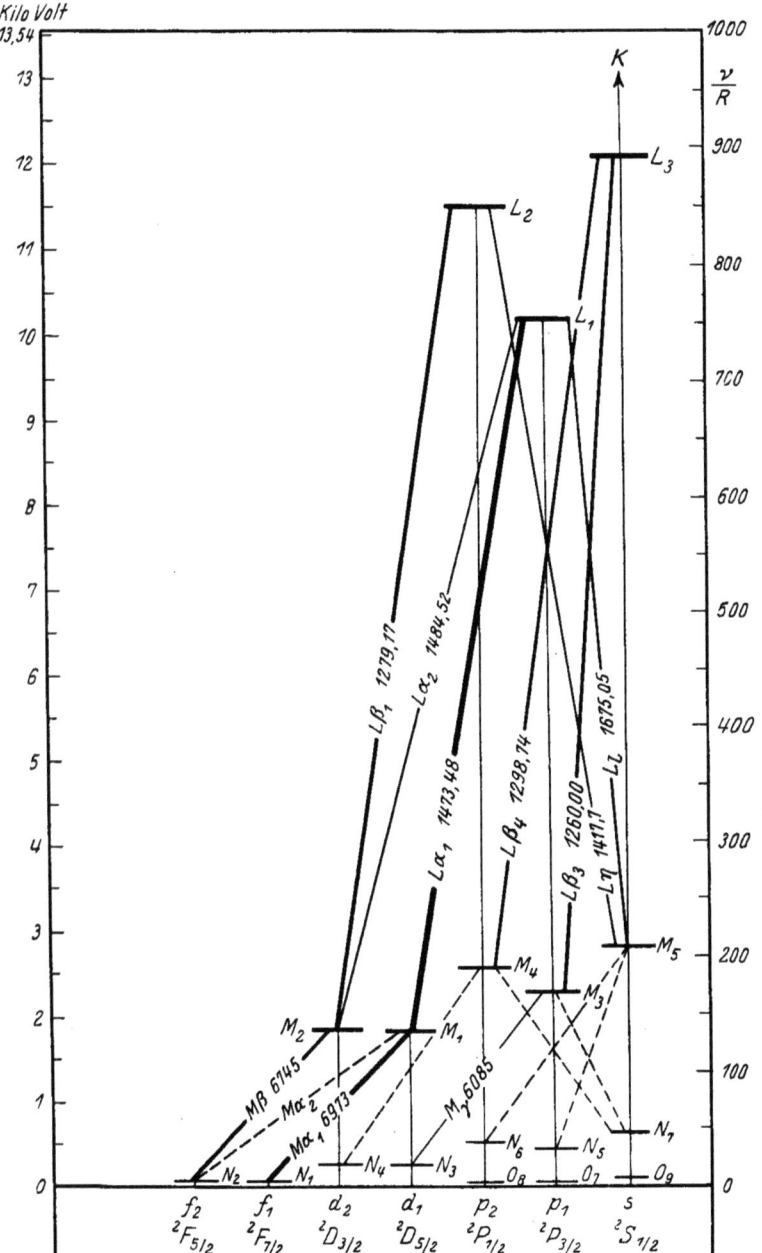

Fig. 124, II, Text S. 149. Niveauschema des Röntgenspektrums von Wolfram ($Z = 74$) bis zu den L-Niveaus. (Reihenfolge der Termfolgen wie bei den Figuren der Dublettspektren.)

IV. Moseleydiagramme.

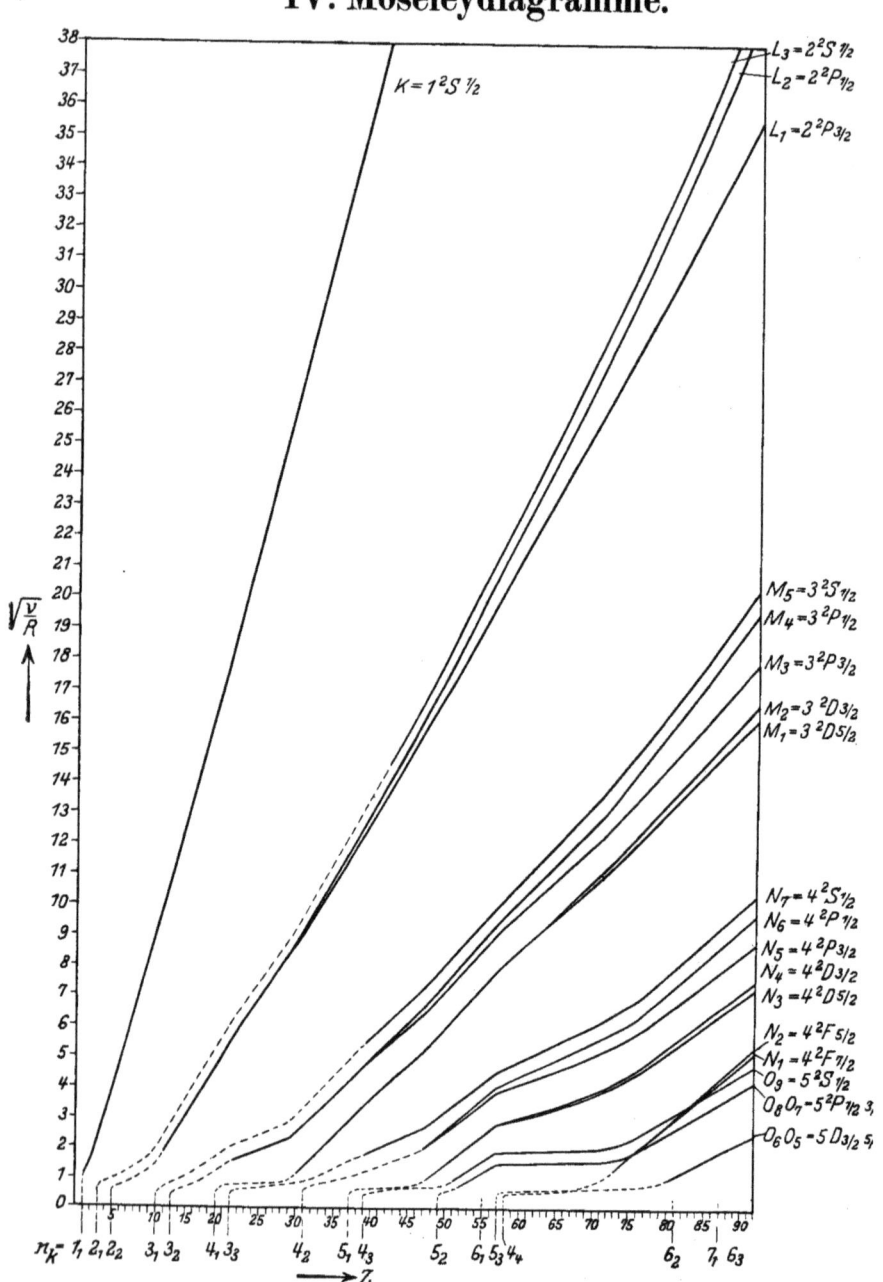

Fig. 125, II, Text S. 154. Das Moseleydiagramm für die Röntgenterme.

Moseleydiagramme.

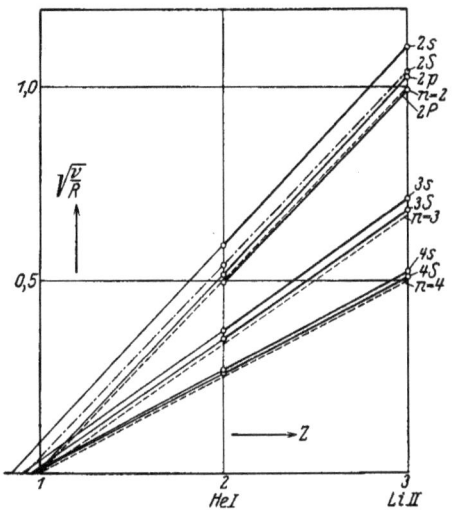

Fig. 126, II, Text S. 170. Die Bindung des 2. Elektrons.

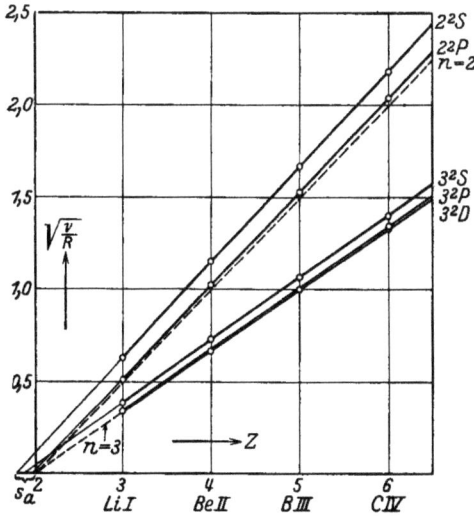

Fig. 127, II, Text S. 164. Die Bindung des 3. Elektrons.

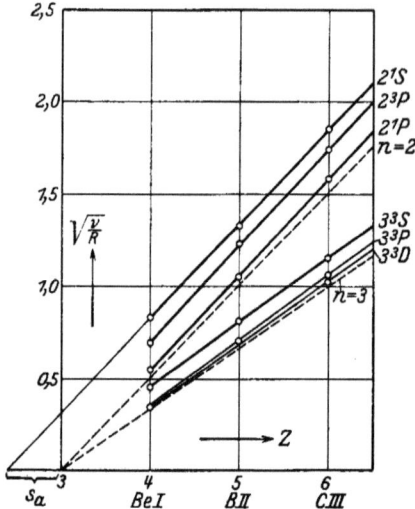

Fig. 128, II, Text S. 165. Die Bindung des 4. Elektrons.

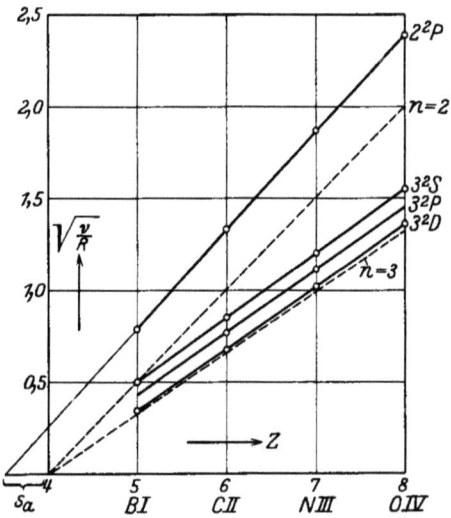

Fig. 129, II, Text S. 165. Die Bindung des 5. Elektrons.

Moseleydiagramme.

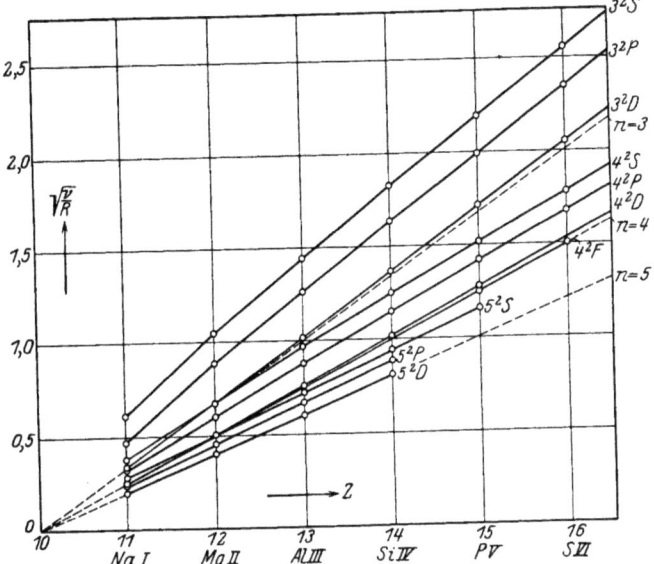

Fig. 130, II, Text S. 166. Die Bindung des 11. Elektrons.

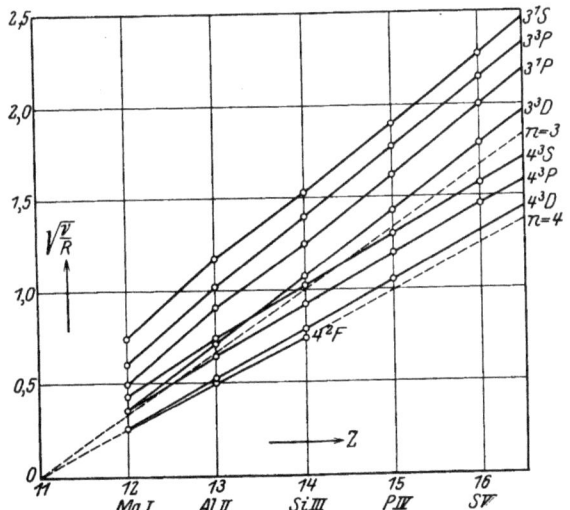

Fig. 131, II, Text S. 166. Die Bindung des 12. Elektrons.

Moseleydiagramme.

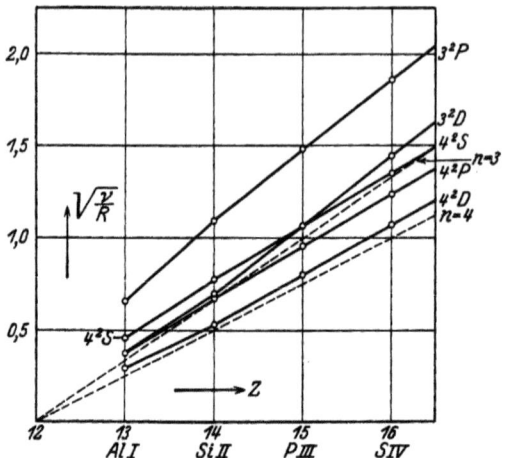

Fig. 132, II, Text S. 166. Die Bindung des 13. Elektrons.

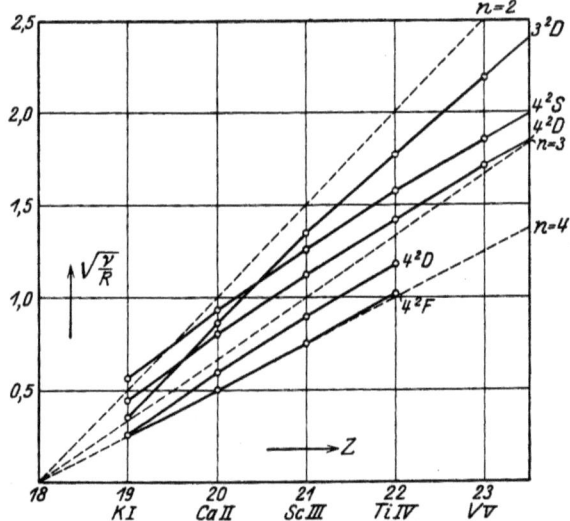

Fig. 133, II, Text S. 167. Die Bindung des 19. Elektrons.
(Das Moseleydiagramm für die Bindung des 20. Elektrons befindet sich in Bd. I, Fig. 43, S. 237.)

Moseleydiagramme.

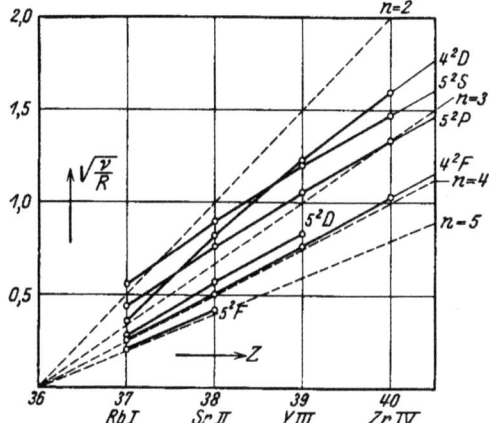

Fig. 134, II, Text S. 168. Die Bindung des 37. Elektrons.

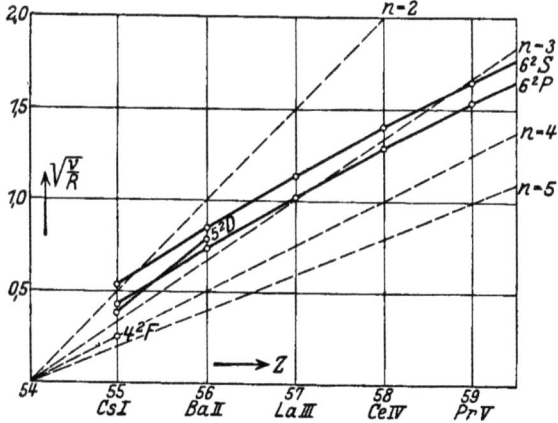

Fig. 135, II, Text S. 169. Die Bindung des 55. Elektrons.

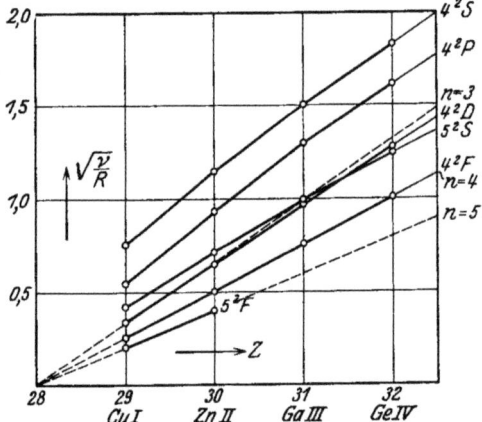

Fig. 136, II, Text S. 169. Die Bindung des 29. Elektrons.

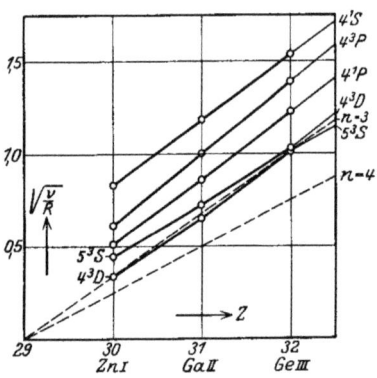

Fig. 137, II, Text S. 169. Die Bindung des 30. Elektrons.

Moseleydiagramme.

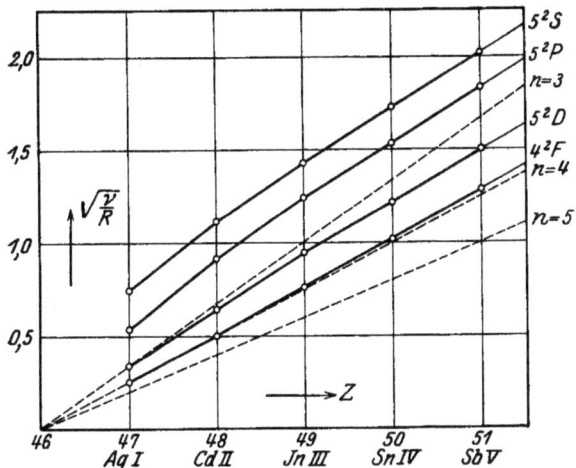

Fig. 138, II, Text S. 169. Die Bindung des 47. Elektrons.

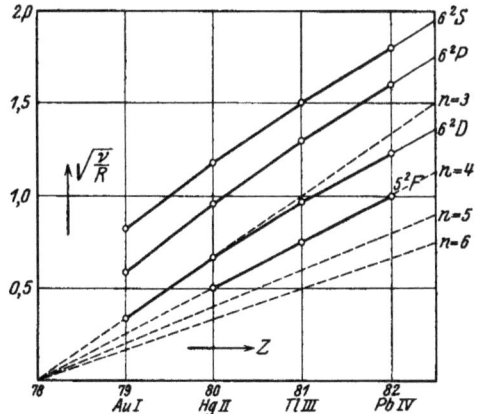

Fig. 139, II, Text S. 169. Die Bindung des 79. Elektrons.

V. Das Gesetz der irregulären Dubletts.
Lineare Beziehung zwischen Linienfrequenz und Kernladungszahl:

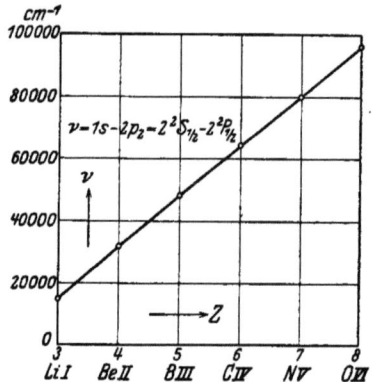

für das 1. Glied der Hauptserie von Li I bis O VI.
Fig. 140, II, Text S. 177.

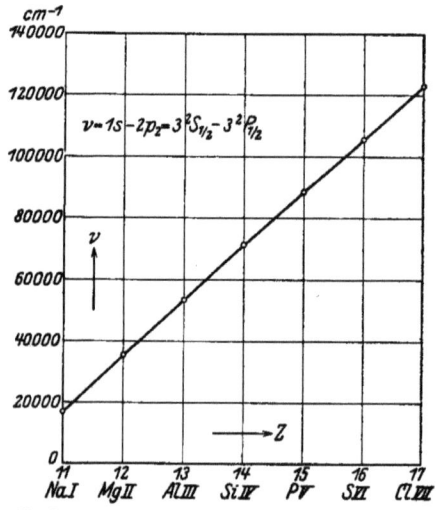

für das 1. Glied der Hauptserie von Na I bis Cl VII.
Fig. 141, II, Text S. 178.

Das Gesetz der irregulären Dubletts. Lineare Beziehung zwischen Linienfrequenz und Kernladungszahl:

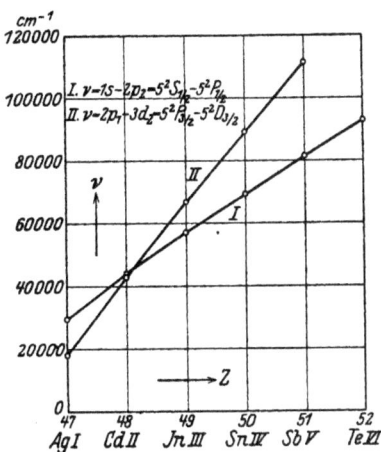

für das 1. Glied der Haupt- und I. Nebenserie von Ag I bis Te VI.
Fig. 142, II, Text S. 178.

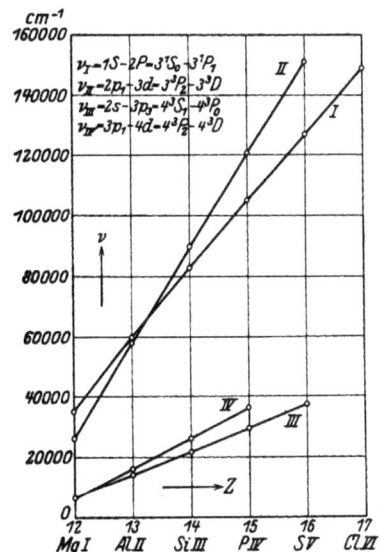

für verschiedene Linien von Mg I bis Cl VI.
Fig. 143, II, Text S. 178.

VI. Das Gesetz der regulären Dubletts

für die tiefsten P-Terme

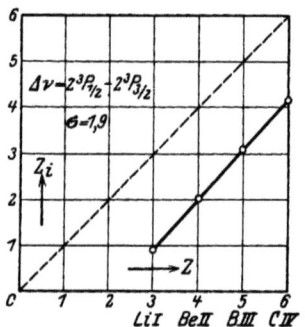

der Spektren Li I bis C IV.
Fig. 144, II. Text S. 181.

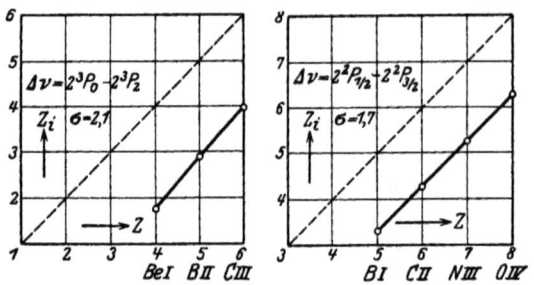

Be I bis C III der Spektren B I bis O IV.
Fig. 145, II, Text S. 181.   Fig. 146, II, Text S. 181.

Innere Kernladungszahl $Z_i = Z - \sigma$.

für die tiefsten P-Terme

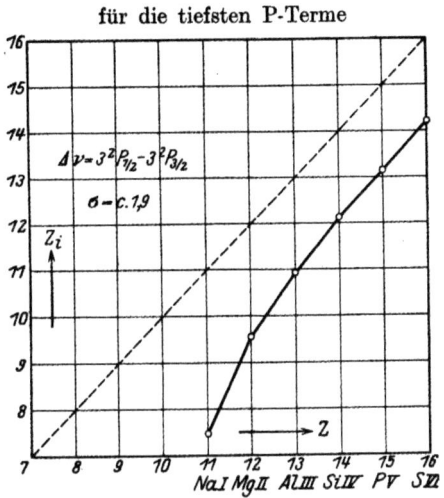

der Spektren Na I bis S VI.
Fig. 147, II, Text S. 181.

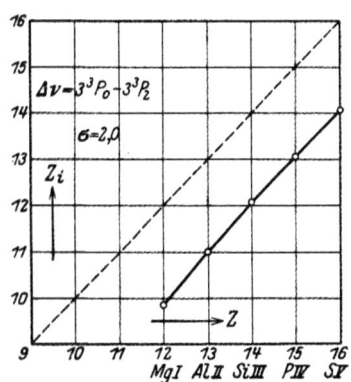

der Spektren Mg I bis S V.
Fig. 148, II, Text S. 181.

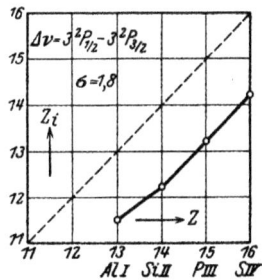

der Spektren Al I bis S IV.
Fig. 149, II, Text S. 181.

Innere Kernladungszahl $Z_i = Z - \sigma$.

VII. Niveauschemata der Triplett-pp'-Gruppen

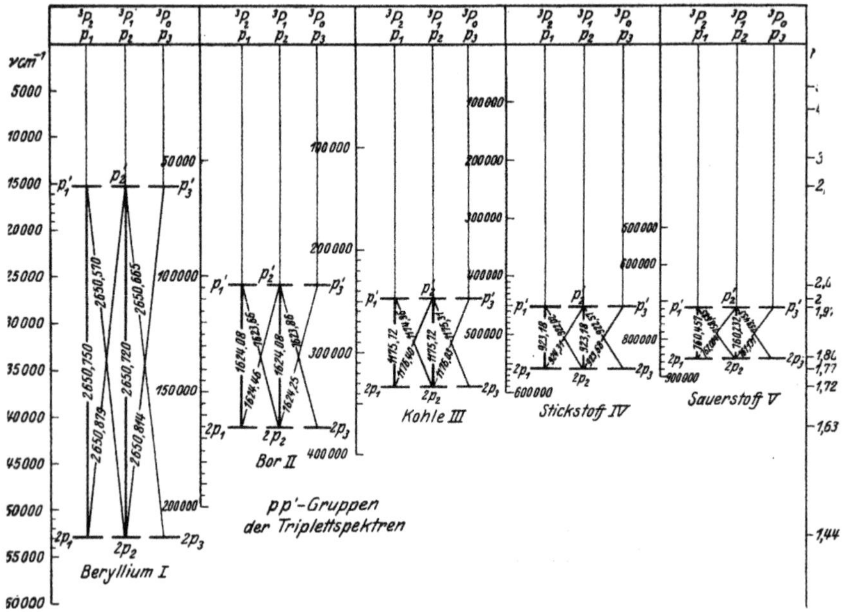

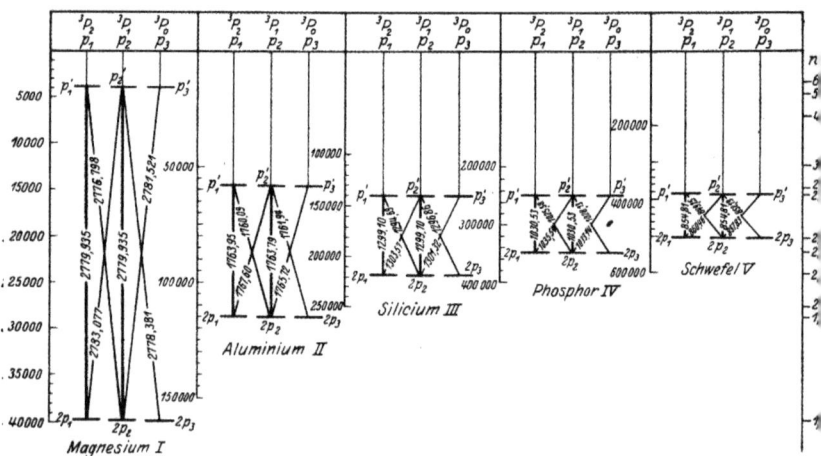

für die Spektren Be I bis O V.
Fig. 150, II, Text S. 191.

für die Spektren Mg I bis S V.
Fig. 151, II, Text S. 191.

Niveauschemata der Triplett-pp'-Gruppen

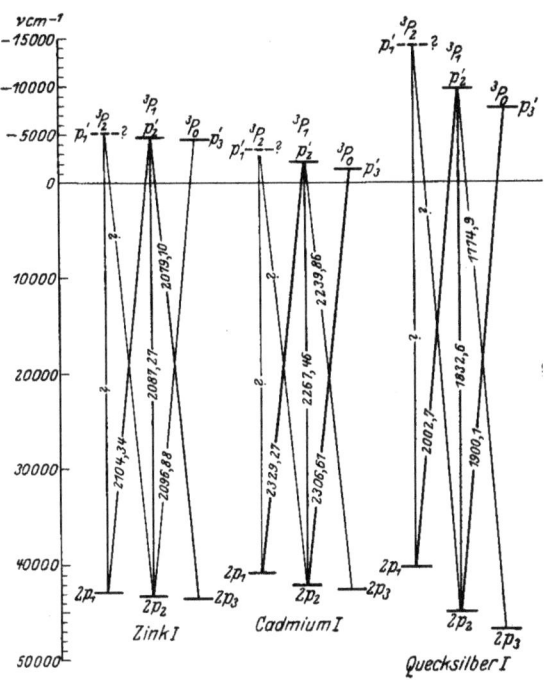

für die Spektren Zn I, Cd I u. Hg I.
Fig. 152, II, Text S. 204.

152 pp'-Gruppen.

Niveauschemata der Triplett-pp'-Gruppen

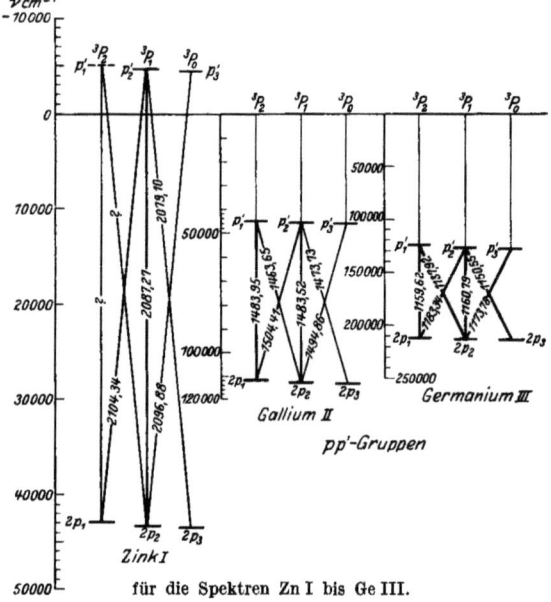

für die Spektren Zn I bis Ge III.
Fig. 153, II, Text S. 206.

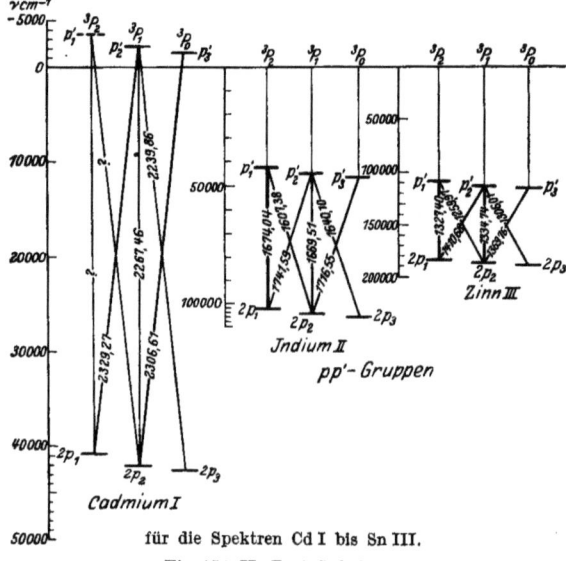

für die Spektren Cd I bis Sn III.
Fig. 154, II, Text S. 206.

VIII. Niveauschemata der Dublett-pp'-Gruppen

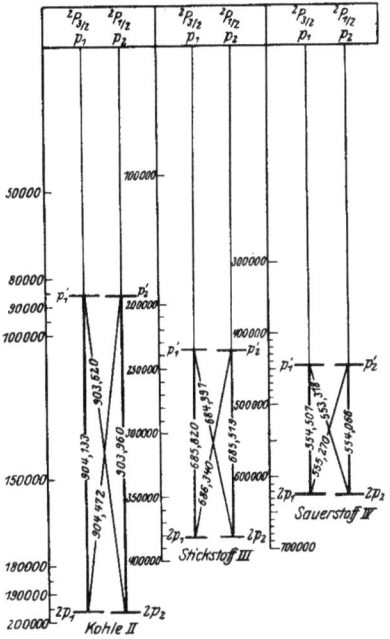

für die Spektren C II bis O IV.
Fig. 155, II, Text S. 212.

154   pp'-Gruppen.

Niveauschemata der Dublett-pp'-Gruppen

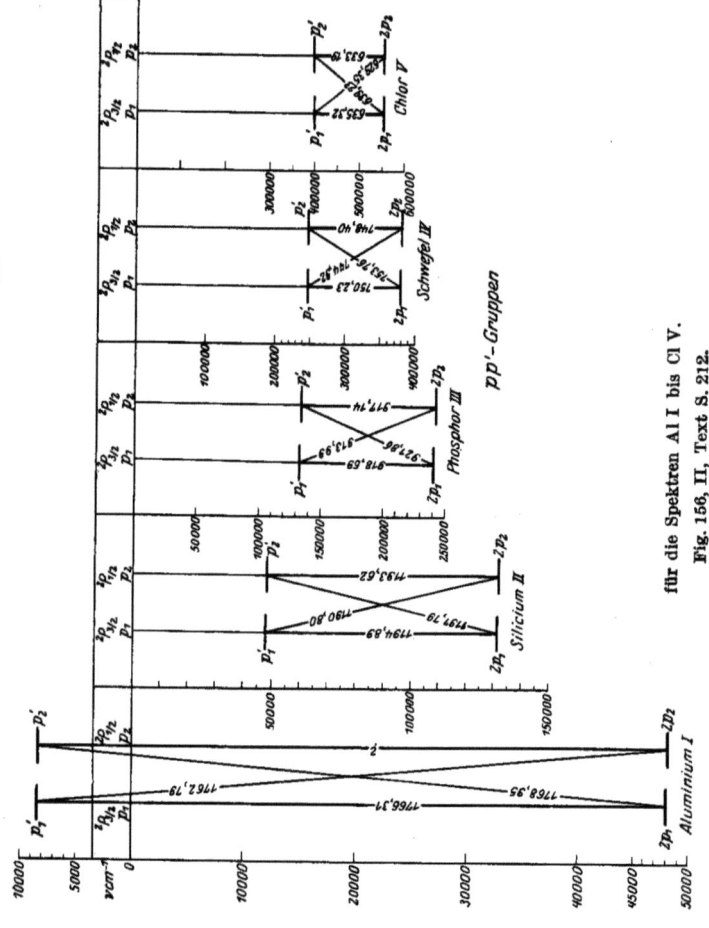

für die Spektren Al I bis Cl V.
Fig. 156, II, Text S. 212.

IX. Niveauschemata
von Ca I, Sr I, Ba I (mit anomalen Termen) und Sc II, Ti III, Y II, La II.

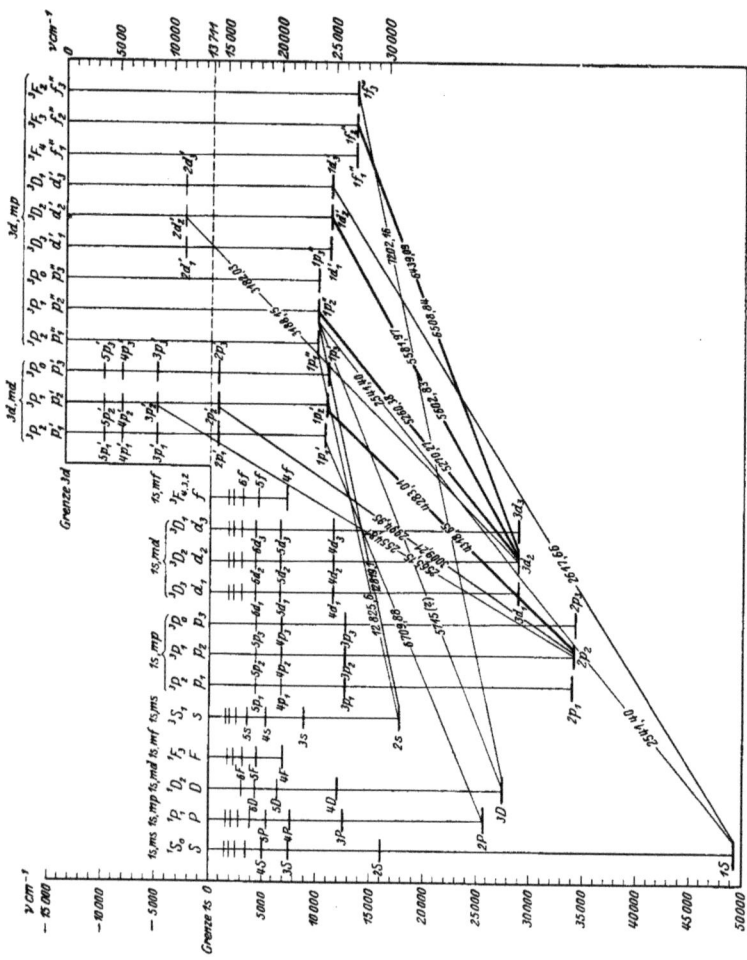

Fig. 157, II, Text S. 221f. Niveauschema des Calcium I mit anomalen Termen. H. N. RUSSELL u. F. A. SAUNDERS, Astrophys. Journ. Bd. 61, S. 38. 1925.

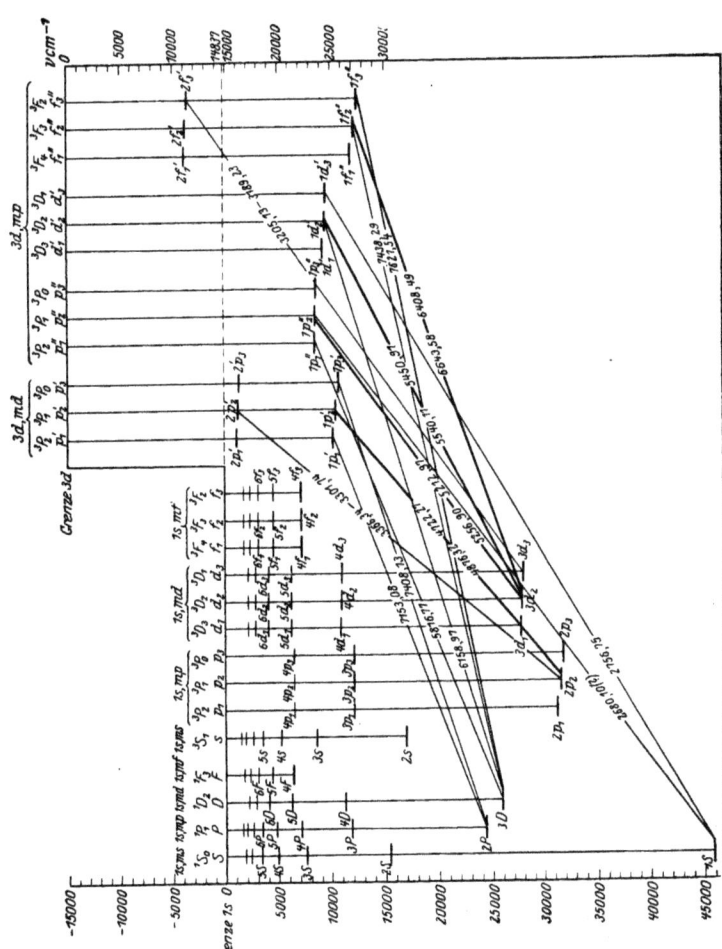

Fig. 158, II, Text S. 221f. Niveauschema des Strontium I mit anomalen Termen. H. N. RUSSELL u. F. A. SAUNDERS, Astrophys. Journ. Bd. 61, S. 38, 1925.

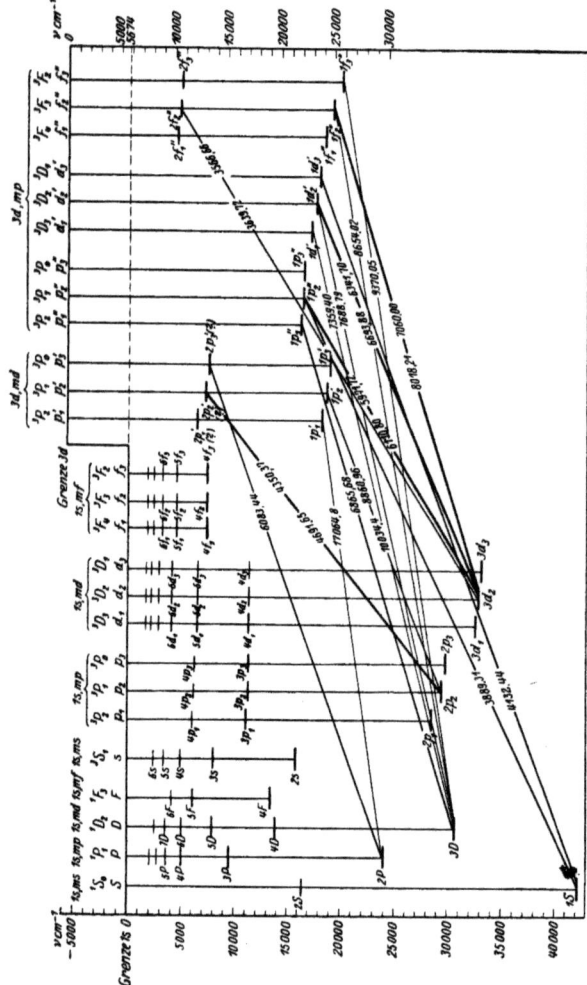

Fig. 159, II, Text S. 221 f. Niveauschema des Barium I mit anomalen Termen. H. N. RUSSELL u. F. A. SAUNDERS, Astrophys. Journ. Bd. 31, S. 38. 1925.

Scandium II. 159

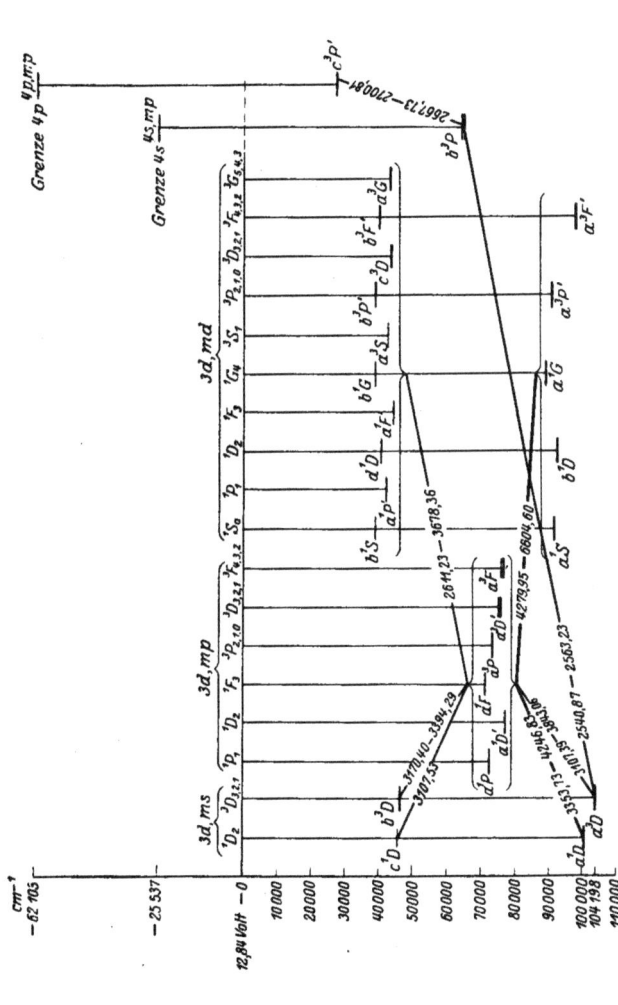

Fig. 160, II, Text S. 233. Niveauschema des Scandium II. H. N. RUSSELL u. W. F. MEGGERS, Scient. Pap. Bureau of Stand. 1927, Nr. 558.

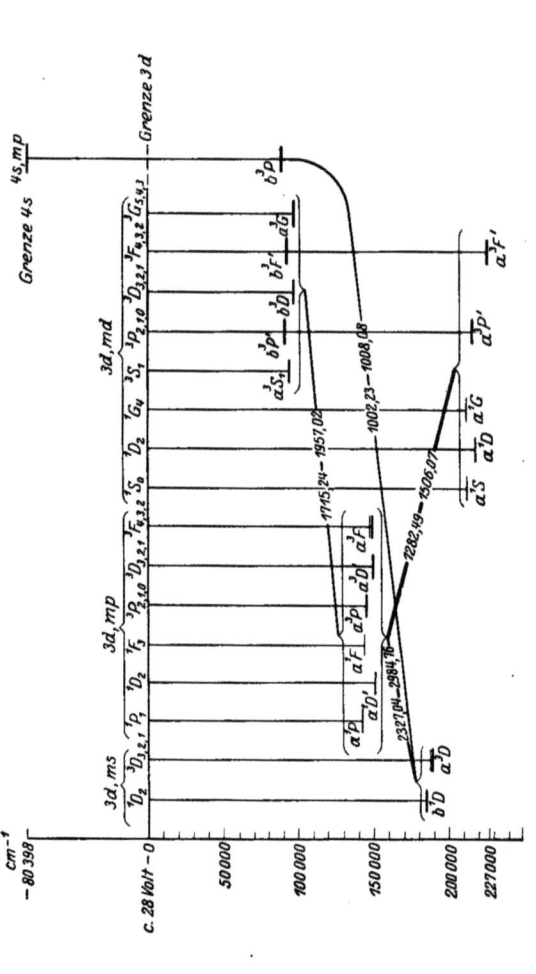

Fig. 161, II, Text S. 236. Niveauschema des Titan III. H. N. RUSSELL u. R. J. LANG, Astrophys. Journ. Bd. 66, S. 13. 1927.

Yttrium II.

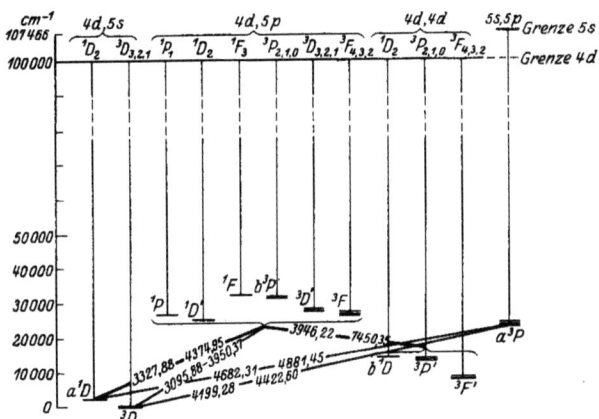

Fig. 162, II, Text S. 238. Niveauschema des Yttrium II. W. F. MEGGERS, Journ. Washington Acad. Bd. 14, S. 419. 1924; W. F. MEGGERS u. C. C. KIESS, Journ. Opt. Soc. Amer. Bd. 12, S. 417. 1926.

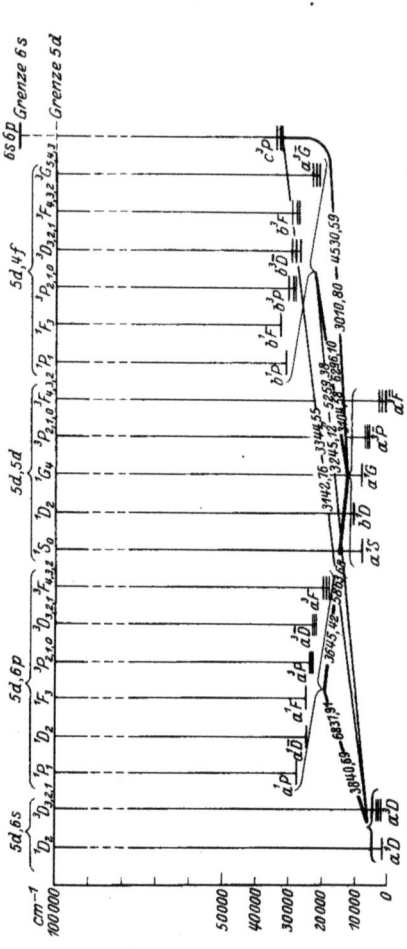

Fig. 163, II, Text S. 238. Niveauschema des Lanthan II. W. F. MEGGERS, Journ. Opt. Soc. Amer. Bd. 14, S. 191. 1927.

Nach Elementen geordnetes Verzeichnis der Figuren des Bandes II.

Periodisches System der Elemente Fig. 97, S. 109.

Aluminum I
Spektrum Fig. 83, S. 92.
Niveauschema Fig. 84, S. 93.
Termsystem Fig. 104, S. 116 u. Fig. 120, S. 132.
Moseleydiagramm Fig. 132, S. 142.
Reguläres Dublett Fig. 149, S. 149.
pp'-Gruppe Fig. 156, S. 154.

Aluminium II
Niveauschema Fig. 54, S. 60.
Termsystem Fig. 103, S. 115.
Moseleydiagramm Fig. 131, S. 141.
Reguläres Dublett Fig. 148, S. 149.
Irreguläres Dublett Fig. 143, S. 147.
pp'-Gruppe Fig. 151, S. 150.

Aluminium III
Niveauschema Fig. 20, S. 23.
Termsystem Fig. 102, S. 114.
Moseleydiagramm Fig. 130, S. 141.
Irreguläres Dublett Fig. 141, S. 146.
Reguläres Dublett Fig. 147, S. 149.

Antimon V
Niveauschema Fig. 45, S. 50.
Termsystem Fig. 110, S. 122.
Moseleydiagramm Fig. 138, S. 145.
Irreguläres Dublett Fig. 142, S. 147.

Barium I
Spektrum Fig. 62, S. 68.
Niveauschema Fig. 63, S. 69.
Termsystem Fig. 118, S. 130.
Niveauschema mit anomalen Termen Fig. 159, S. 158.

Barium II
Niveauschema Fig. 38, S. 43.
Termsystem Fig. 113, S. 125.
Moseleydiagramm Fig. 135, S. 143.

Beryllium I
Niveauschema Fig. 49, S. 54.
Termsystem Fig. 100, S. 112 u. Fig. 118, S. 130.
Moseleydiagramm Fig. 128, S. 140.
Reguläres Dublett Fig. 145, S. 148.
pp'-Gruppe Fig. 150, S. 150.

Beryllium II
Niveauschema Fig. 14, S. 17.
Termsystem Fig. 99, S. 111.
Moseleydiagramm Fig. 127, S. 139.
Irreguläres Dublett Fig. 140, S. 146.
Reguläres Dublett Fig. 144, S. 148.

Blei II
Niveauschema Fig. 96, S. 108.
Termsystem Fig. 115, S. 127.

Blei IV
Niveauschema Fig. 48, S. 53.
Termsystem Fig. 114, S. 126.
Moseleydiagramm Fig. 139, S. 145.

Bor I
Niveauschema Fig. 80, S. 88.
Termsystem Fig. 101, S. 113.
Moseleydiagramm Fig. 129, S. 140.
Reguläres Dublett Fig. 146, S. 148.

Bor II
Niveauschema S. 50, S. 55.
Termsystem Fig. 100, S. 112.
Moseleydiagramm Fig. 128, S. 140.

Reguläres Dublett Fig. 145, S. 148.
pp'-Gruppe Fig. 150, S. 150.

Bor III
Niveauschema Fig. 15, S. 18.
Termsystem Fig. 99, S. 111.
Moseleydiagramm Fig. 127, S. 139.
Reguläres Dublett Fig. 144, S. 148.
Irreguläres Dublett Fig. 140, S. 146.

Cadmium I
Spektrum Fig. 67, S. 74.
Niveauschema Fig. 68, S. 75.
Termsystem Fig. 111, S. 123 u.
Fig. 119, S. 131.
pp'-Gruppe Fig. 152, S. 151 u.
Fig. 154, S. 152.

Cadmium II
Niveauschema Fig. 43, S. 48.
Termsystem Fig. 110, S. 122.
Moseleydiagramm Fig. 138, S. 145.
Irreguläres Dublett Fig. 142, S. 147.

Caesium I
Spektrum Fig. 35, S. 40.
Niveauschema Fig. 36, S. 41.
Serienverlauf nach MADELUNG Fig. 37, S. 42.
Termsystem Fig. 113, S. 125 u.
Fig. 116, S. 128.
Moseleydiagramm Fig. 135, S. 143.

Calcium I
Spektrum Fig. 58, S. 64.
Niveauschema Fig. 59, S. 65.
Termsystem Fig. 118, S. 130.
Niveauschema mit anomalen Termen Fig. 157, S. 156.

Calcium II
Niveauschema Fig. 26, S. 30.
Termsystem Fig. 105, S. 117.
Moseleydiagramm Fig. 133, S. 142.

Cer IV
Moseleydiagramm Fig. 135, S. 143.

Chlor V
pp'-Gruppe Fig. 156, S. 154.

Chlor VI
Irreguläres Dublett Fig. 143, S. 147.

Chlor VII
Irreguläres Dublett Fig. 141, S. 146.

Gallium I
Spektrum Fig. 88, S. 98.
Niveauschema Fig. 89, S. 99.
Termsystem Fig. 108, S. 120 u.
Fig. 120, S. 132.

Gallium II
Niveauschema Fig. 66, S. 72.
Termsystem Fig. 107, S. 119.
Moseleydiagramm Fig. 137, S. 144.
pp'-Gruppe Fig. 153, S. 152.

Gallium III
Niveauschema Fig. 41, S. 46.
Termsystem Fig. 106, S. 118.
Moseleydiagramm Fig. 136, S. 144.

Germanium II
Niveauschema Fig. 90, S. 100.
Termsystem Fig. 108, S. 120.

Germanium III
Niveauschema Fig. 66, S. 72.
Termsystem Fig. 107, S. 119.
Moseleydiagramm Fig. 137, S. 144.
pp'-Gruppe Fig. 153, S. 152.

Germanium IV
Niveauschema Fig. 41, S. 46.
Termsystem Fig. 106, S. 118.
Moseleydiagramm Fig. 139, S. 145.

Gold I
Niveauschema Fig. 46, S. 51.
Termsystem Fig. 114, S. 126 u.
Fig. 117, S. 129.
Moseleydiagramm Fig. 136, S. 144.

Helium I
Spektrum von $\lambda = 20582$ bis $\lambda = 2600$ Å. Fig. 74, S. 82.
Spektrum, gesamtes Fig. 76, S. 84.
Niveauschema von den zweiquantigen Zuständen an Fig. 75, S. 83.
Niveauschema, vollständiges Fig. 77, S. 85.
Niveauschema, von den zweiquantigen Zuständen an mit Serienlinien, die im elektrischen Felde erscheinen Fig. 78, S. 86.

Nach Elementen geordnetes Verzeichnis der Figuren des Bandes II. 165

Termsystem, von den zweiquantigen Zuständen an Fig. 98, S. 110.
Moseleydiagramm Fig. 126, S. 139.

Helium II
Spektrum Fig. 6, S. 8.
Niveauschema gemäß der n_k-Klassifikation Fig. 7, S. 9.
Niveauschema gemäß der n_k-Klassifikation von den zweiquantigen Niveaus an Fig. 8, S. 10.
Niveauschema gemäß der $n_{l,j}$-Klassifikation Fig. 9, S. 11.
Niveauschema mit Dublett-Termsymbolen Fig. 10, S. 12.

Indium I
Spektrum Fig. 91, S. 102.
Niveauschema Fig. 92, S. 103.
Termsystem Fig. 112, S. 124 u. Fig. 120, S. 132.

Indium II
Niveauschema Fig. 69, S. 76.
Termsystem Fig. 111, S. 123.
pp'-Gruppe Fig. 154, S. 152.

Indium III
Niveauschema Fig. 44, S. 49.
Termsystem Fig. 110, S. 122.
Moseleydiagramm Fig. 138, S. 145.
Irreguläres Dublett Fig. 142, S. 147.

Kalium I
Spektrum Fig. 24, S. 28.
Niveauschema Fig. 25, S. 29.
Termsystem Fig. 105, S. 117 u. Fig. 116, S. 128.
Moseleydiagramm Fig. 133, S. 142.

Kohle II
Niveauschema Fig. 81, S. 89.
Termsystem Fig. 101, S. 113.
Moseleydiagramm Fig. 129, S. 140.
Reguläres Dublett Fig. 146, S. 148.
pp'-Gruppe Fig. 155, S. 153.

Kohle III
Niveauschema Fig. 51, S. 56.
Termsystem Fig. 100, S. 112.
Moseleydiagramm Fig. 128, S. 140.

Reguläres Dublett Fig. 145, S. 148.
pp'-Gruppe Fig. 150, S. 150.

Kohle IV
Niveauschema Fig. 16, S. 19.
Termsystem Fig. 99, S. 111.
Moseleydiagramm Fig. 127, S. 139.
Irreguläres Dublett Fig. 140, S. 146.
Reguläres Dublett Fig. 144, S. 148.

Kupfer I
Niveauschema Fig. 39, S. 44.
Termsystem Fig. 106, S. 118 u. Fig. 117, S. 129.
Moseleydiagramm Fig. 136, S. 144.

Lanthan II
Niveauschema Fig. 163, S. 162.

Lanthan III
Moseleydiagramm Fig. 135, S. 143.

Lithium I
Spektrum Fig. 11, S. 14.
Niveauschema Fig. 12, S. 15.
Darstellung der Serien nach MADELUNG Fig. 13, S. 16.
Termsystem Fig. 99, S. 111 u. Fig. 116, S. 128.
Moseleydiagramm Fig. 127, S. 139.
Irreguläres Dublett Fig. 140, S. 146.
Reguläres Dublett Fig. 144, S. 148.

Lithium II
Niveauschema Fig. 79, S. 87.
Termsystem Fig. 98, S. 110.
Moseleydiagramm Fig. 126, S. 139.

Magnesium I
Spektrum Fig. 52, S. 58.
Niveauschema Fig. 53, S. 59.
Termsystem Fig. 103, S. 115 u. Fig. 118, S. 130.
Moseleydiagramm Fig. 131, S. 141.
Irreguläres Dublett Fig. 143, S. 147.
Reguläres Dublett Fig. 148, S. 149.
pp'-Gruppe Fig. 151, S. 150.

Magnesium II
Niveauschema Fig. 19, S. 22.
Termsystem Fig. 102, S. 114.
Moseleydiagramm Fig. 130, S. 141.

Irreguläres Dublett Fig.141, S.146.
Reguläres Dublett Fig. 147, S.149.

Natrium I
Spektrum Fig. 17, S. 20.
Niveauschema Fig. 18, S. 21.
Termsystem Fig. 102, S. 114 u.
Fig. 116, S. 128.
Moseleydiagramm Fig. 130, S. 141.
Irreguläres Dublett Fig.141, S.146.
Reguläres Dublett Fig. 147, S.149.

Phosphor III
Niveauschema Fig. 86, S. 95.
Termsystem Fig. 104, S. 116.
Moseleydiagramm Fig. 132, S.142.
Reguläres Dublett Fig. 149, S.149.
pp'-Gruppe Fig. 156, S. 154.

Phosphor IV
Niveauschema Fig. 56, S. 62.
Termsystem Fig. 103, S. 115.
Moseleydiagramm Fig. 131, S.141.
Irreguläres Dublett Fig.143, S.147.
Reguläres Dublett Fig. 148, S.149.
pp'-Gruppe Fig. 151, S. 150.

Phosphor V
Niveauschema Fig. 22, S. 25.
Termsystem Fig. 102, S. 114.
Moseleydiagramm Fig. 130, S. 141.
Irreguläres Dublett Fig.141, S.146.
Reguläres Dublett Fig. 147, S.149.

Praseodym V
Moseleydiagramm Fig. 135, S.143.

Quecksilber I
Spektrum Fig. 70, S. 78.
Niveauschema Fig. 71, S. 79.
Serienverlauf nach MADELUNG Fig. 72, S. 80.
Niveauschema (mit höheren Seriengliedern) Fig. 73, S. 81.
Termsystem Fig. 119, S. 131.
pp'-Gruppe Fig. 152, S. 151.

Quecksilber II
Niveauschema Fig. 47, S. 52.
Termsystem Fig. 114, S. 126.
Moseleydiagramm Fig. 139, S.145.

Radium II
Niveauschema Fig. 38, S. 43.

Röntgenterme
Moseleydiagramm Fig. 125, S.138.

Rubidium I
Spektrum Fig. 30, S. 34.
Niveauschema Fig. 31, S. 35.
Termsystem Fig. 109, S. 121 u.
Fig. 116, S. 128.
Moseleydiagramm Fig. 134, S.143.

Sauerstoff IV
Termsystem Fig. 101, S. 113.
Moseleydiagramm Fig. 129, S. 140.
Reguläres Dublett Fig. 146, S. 148.
pp'-Gruppe Fig. 155, S. 153.

Sauerstoff V
pp'-Gruppe Fig. 150, S. 150.

Sauerstoff VI
Irreguläres Dublett Fig.140, S.146.

Scandium II
Niveauschema Fig. 160, S. 159.

Scandium III
Niveauschema Fig. 27, S. 31.
Termsystem Fig. 105, S. 117.
Moseleydiagramm Fig. 133, S.142.

Schwefel IV
Niveauschema Fig. 87, S. 96.
Termsystem Fig. 104, S. 116.
Moseleydiagramm Fig. 132, S.142.
Reguläres Dublett Fig. 149, S. 149.
pp'-Gruppe Fig. 156, S. 154.

Schwefel V
Niveauschema Fig. 57, S. 63.
Termsystem Fig. 103, S. 115.
Moseleydiagramm Fig. 131, S. 141.
Irreguläres Dublett Fig.143, S.147.
Reguläres Dublett Fig. 148, S.149.
pp'-Gruppe Fig. 151, S. 150.

Schwefel VI
Niveauschema Fig. 23, S. 26.
Termsystem Fig. 102, S. 114.
Moseleydiagramm Fig. 130, S. 141.
Irreguläres Dublett Fig.141, S.146.
Reguläres Dublett Fig. 147, S. 149.

Nach Elementen geordnetes Verzeichnis der Figuren des Bandes II.

Silber I
Niveauschema Fig. 42, S. 47.
Termsystem Fig. 110, S. 122 u. Fig. 117, S. 129.
Moseleydiagramm Fig. 138, S. 145.
Irreguläres Dublett Fig. 142, S. 147.

Silicium II
Niveauschema Fig. 85, S. 94.
Termsystem Fig. 104, S. 116.
Moseleydiagramm Fig. 132, S. 142.
Reguläres Dublett Fig. 149, S. 149.
pp'-Gruppe Fig. 156, S. 154.

Silicium III
Niveauschema Fig. 55, S. 61.
Termsystem Fig. 103, S. 115.
Moseleydiagramm Fig. 131, S. 141.
Irreguläres Dublett Fig. 143, S. 147.
Reguläres Dublett Fig. 148, S. 149.
pp'-Gruppe Fig. 151, S. 150.

Silicium IV
Niveauschema Fig. 21, S. 24.
Termsystem Fig. 102, S. 114.
Moseleydiagramm Fig. 130, S. 141.
Irreguläres Dublett Fig. 141, S. 146.
Reguläres Dublett Fig. 147, S. 149.

Stickstoff III
Niveauschema Fig. 82, S. 90.
Termsystem Fig. 101, S. 113.
Moseleydiagramm Fig. 129, S. 140.
Reguläres Dublett Fig. 146, S. 148.
pp'-Gruppe Fig. 155, S. 153.

Stickstoff IV
pp'-Gruppe Fig. 150, S. 150.

Stickstoff V
Irreguläres Dublett Fig. 140, S. 146.

Strontium I
Spektrum Fig. 60, S. 66.
Niveauschema Fig. 61, S. 67.
Termsystem Fig. 118, S. 130.
Niveauschema mit anomalen Termen Fig. 158, S. 157.

Strontium II
Niveauschema Fig. 32, S. 36.
Termsystem Fig. 109, S. 121.
Moseleydiagramm Fig. 134, S. 143.

Tellur VI
Niveauschema Fig. 45, S. 50.
Termsystem Fig. 110, S. 122.
Irreguläres Dublett Fig. 142, S. 147.

Thallium I
Spektrum Fig. 94, S. 106.
Niveauschema Fig. 95, S. 107.
Termsystem Fig. 115, S. 127 u. Fig. 120, S. 132.

Thallium III
Niveauschema Fig. 48, S. 53.
Termsystem Fig. 114, S. 126.
Moseleydiagramm Fig. 139, S. 145.

Titan III
Niveauschema Fig. 161, S. 160.

Titan IV
Niveauschema Fig. 28, S. 32.
Termsystem Fig. 105, S. 117.
Moseleydiagramm Fig. 133, S. 142.

Vanadium V
Niveauschema Fig. 29, S. 33.
Termsystem Fig. 105, S. 117.
Moseleydiagramm Fig. 133, S. 142.

Wasserstoff
Spektrum Fig. 1, S. 2.
Niveauschema, einfaches, Fig. 2, S. 3.
Niveauschema gemäß der n_k-Klassifikation Fig. 3, S. 4.
Niveauschema gemäß der $n_{l,j}$-Klassifikation Fig. 4, S. 5.
Niveauschema mit Dublett-Termsymbolen Fig. 5, S. 6.

Wolfram
Niveauschema des Röntgenspektrums, vollständiges, Fig. 121, S. 134 u. Fig. 123, S. 136.
Niveauschema des Röntgenspektrums bis zu den L-Niveaus Fig. 122, S. 135 u. Fig. 124, S. 137.

Yttrium II
Niveauschema Fig. 162, S. 161.

168 Nach Elementen geordnetes Verzeichnis der Figuren des Bandes II

Yttrium III
  Niveauschema Fig. 33, S. 37.
  Termsystem Fig. 109, S. 121.
  Moseleydiagramm Fig. 134, S. 143.
Zink I
  Spektrum Fig. 64, S. 70.
  Niveauschema Fig. 65, S. 71.
  Termsystem Fig. 107, S. 119 u.
    Fig. 119, S. 131.
  Moseleydiagramm Fig. 137, S. 144.
  pp'-Gruppe Fig. 152, S. 151 u.
    Fig. 153, S. 152.
Zink II
  Niveauschema Fig. 40, S. 45.
  Termsystem Fig. 106, S. 118.
  Moseleydiagramm Fig. 136, S. 144.

Zinn II
  Niveauschema Fig. 93, S. 104.
  Termsystem Fig. 112, S. 124.
Zinn III
  Niveauschema Fig. 69, S. 76.
  Termsystem Fig. 111, S. 123.
  pp'-Gruppe Fig. 154, S. 152.
Zinn IV
  Niveauschema Fig. 44, S. 49.
  Termsystem Fig. 110, S. 122.
  Moseleydiagramm Fig. 138, S. 145.
  Irreguläres Dublett Fig. 142, S. 147.
Zirkon IV
  Niveauschema Fig. 34, S. 38.
  Termsystem Fig. 109, S. 121.
  Moseleydiagramm Fig. 134, S. 143.

Verlag von Julius Springer in Berlin W 9

Struktur der Materie in Einzeldarstellungen.
Herausgegeben von M. **Born**-Göttingen und J. **Franck**-Göttingen.

I. **Zeemaneffekt und Multiplettstruktur der Spektrallinien.** Von Dr. E. **Back,** Privatdozent für Experimentalphysik in Tübingen, und Dr. A. **Landé,** a. o. Professor für Theoretische Physik in Tübingen. Mit 25 Textabbildungen und 2 Tafeln. XII, 213 Seiten. 1925.
RM 14.40; gebunden RM 15.90

II. **Vorlesungen über Atommechanik.** Von Dr. **Max Born,** Professor an der Universität Göttingen. Herausgegeben unter Mitwirkung von Dr. Friedrich Hund, Assistent am Physikalischen Institut Göttingen. Erster Band. Mit 43 Abbildungen. IX, 358 Seiten. 1925.
RM 15.—; gebunden RM 16.50

III. **Anregung von Quantensprüngen durch Stöße.** Von Dr. **J. Franck,** Professor an der Universität Göttingen, und Dr. **P. Jordan,** Assistent am Physikalischen Institut der Universität Göttingen. Mit 51 Abbildungen. VIII, 312 Seiten. 1926. RM 19.50; gebunden RM 21.—

IV. **Linienspektren und periodisches System der Elemente.** Von Dr. **Friedrich Hund,** Privatdozent an der Universität Göttingen. Mit 43 Abbildungen und 2 Zahlentafeln. VI, 221 Seiten. 1927.
RM 15.—; gebunden RM 16.20

V. **Die seltenen Erden vom Standpunkte des Atombaues.** Von Dr. **Georg v. Hevesy,** o. Professor der physikalischen Chemie an der Universität Freiburg i. Br. Mit 15 Abbildungen. VIII, 140 Seiten. 1927.
RM 9.—; gebunden RM 10.20

VI. **Fluorescenz und Phosphorescenz im Lichte der neueren Atomtheorie.** Von Professor Dr. **Peter Pringsheim.** Dritte Auflage. Mit 87 Abbildungen. VII, 357 Seiten. 1928. RM 24.—; gebunden RM 25.20

Die weiteren Bände werden behandeln:

Strahlungsmessungen. Von Professor Dr. **W. Gerlach**-Tübingen. — **Lichtelektrizität.** Von Professor Dr. **B. Gudden**-Erlangen. — **Atombau und chemische Kräfte.** Von Professor Dr. **B. Kossel**-Kiel. — **Bandenspektra.** Von Professor Dr. **A. Kratzer**-Münster. — **Starkeffekt.** Von Professor Dr. **R. Ladenburg**-Berlin. — **Kern-Physik.** Von Professor Dr. **Lise Meitner**-Berlin. — **Kristallstruktur.** Von Professor Dr. **P. Niggli** und Professor Dr. **P. Scherrer**-Zürich. — **Periodisches System und Isotopie.** Von Professor Dr. **F. Paneth**-Berlin. — **Das ultrarote Spektrum.** Von Professor Dr. **C. Schaefer** und Dr. **Natossi**-Breslau. — **Vakuumspektroskopie.** Von Privatdozent Dr. **Hertha Sponer**-Göttingen. — **Atomtheorie der Gase und Flüssigkeiten.** Von Privatdozent Dr. **R. Fürth**-Prag. — **Plastizität von Kristallen.** Von Dr. **E. Schmidt**-Frankfurt. — **Astrophysikalische Anwendungen der Atomphysik.** Von Dr. **S. Rosseland**-Oslo

Verlag von Julius Springer in Berlin W 9

Licht und Materie. (Band XXI des „Handbuch der Physik", herausgegeben von **H. Geiger** und **Karl Scheel.**) Erscheint im Herbst 1928. Aus dem Inhalt: Linienspektra mit Einschluß der Röntgenspektra. a) Allgemeines. b) Charakter der Linien, Intensitätsverteilung, Verbreiterung, Umkehr, Feinstruktur. c) Konstanz und Veränderlichkeit der Wellenlängen. d) Bau der Spektra, historisch. Von Professor Dr. H. Konen, Bonn. e) Typen, Multipletts, Serien. Von Dr. R. Mecke, Bonn. f) Systematische Übersicht über die bekannten Linienspektren. Von Dr. R. Frerichs, Bonn. g) Röntgenspektra. Von Professor Dr. L. Grebe, Bonn. h) Zeemaneffekt, Starkeffekt. Von Professor Dr. A. Landé, Tübingen. Druckeffekt. Von Professor Dr. H. Konen, Bonn. i) Energiestufen, Anregung. Von Dr. P. Jordan, Göttingen. k) Intensitätsregeln. Von Dr. R. Frerichs, Bonn. — Molekülspektra. a) Allgemeines. b) Ultrarote Serien. c) Feinstruktur, Systematik, Kombinationen. d) Einfluß des Magnetfeldes usw. e) Bandenspektra und chemische Konstitution. Von Dr. R. Mecke, Bonn. — Fluoreszenz und Phosphoreszenz. Übersicht. — Andere Lumineszenen. Von Professor Dr. P. Pringsheim, Berlin. — Fluoreszenz und chemische Konstitution. Von Professor Dr. H. Ley, Münster i. W. — Kontinuierliche Gasspektra. Von Professor Dr. L. Grebe, Bonn. — Spektralanalyse. a) Optisches Gebiet. Von Dr. F. Löwe, Jena. b) Röntgengebiet. Von Professor Dr. L. Grebe, Bonn. — Anwendung auf kosmische Fragen. Von Professor Dr. J. Hopmann, Bonn.

Seriengesetze der Linienspektren. Gesammelt von Professor Dr. **F. Paschen,** Direktor des Physikalischen Instituts an der Universität Tübingen, und Dr. **R. Götze.** IV, 154 Seiten. 1922.
Gebunden RM 11.—

Tabelle der Hauptlinien der Linienspektra aller Elemente, nach Wellenlänge geordnet. Von Geh. Reg.-Rat **H. Kayser,** Professor der Physik an der Universität Bonn. VIII, 198 Seiten. 1926.
Gebunden RM 24.—

Über den Bau der Atome. Von **Niels Bohr.** Dritte, unveränderte Auflage. Mit 9 Abbildungen. 60 Seiten. 1925. RM 1.80

Das Atom und die Bohrsche Theorie seines Baues. Gemeinverständlich dargestellt von **H. A. Kramers,** Dozent am Institut für theoretische Physik der Universität Kopenhagen, und **Helge Holst,** Bibliothekar an der Königl. Technischen Hochschule Kopenhagen. Deutsch von F. Arndt, Professor an der Universität Breslau. Mit 35 Abbildungen, 1 Bildnis und einer farbigen Tafel. VII, 192 Seiten. 1925.
RM 7.50; gebunden RM 8.70

Stereoskopbilder von Kristallgittern. Unter Mitarbeit von Cl. von Simson und E. Verständig herausgegeben von **M. von Laue** und **R. von Mises,** Professoren an der Universität Berlin.
I. Mit 24 Tafeln und 3 Textfiguren. 43 Seiten. 1926. Deutscher und englischer Text.
In Mappe RM 15.—

MIX
Papier aus verantwortungsvollen Quellen
Paper from responsible sources
FSC® C105338

If you have any concerns about our products,
you can contact us on
ProductSafety@springernature.com

In case Publisher is established outside the EU,
the EU authorized representative is:
**Springer Nature Customer Service Center GmbH
Europaplatz 3, 69115 Heidelberg, Germany**

Printed by Libri Plureos GmbH
in Hamburg, Germany